建筑工程工程量清单计价条文注释与实例解析系列丛书
（GB 50500—2008）

厂库房大门、特种门、木结构工程
工程量清单计价条文注释与实例解析

张国栋　主编

上海科学技术出版社

内容提要

本书是以住房和城乡建设部新颁布的《建设工程工程量清单计价规范》（GB 50500—2008）为基础编写的。其内容为厂库房大门、特种门、木结构工程。

本书以编码释义的形式编写，图、表、文并茂，对工程量清单中项目名称、项目特征、工程量计算规则、工程内容均作了全面、详细的解释，并对有关项目的工程量计算举例说明，有利于清单的实际应用。

本书可作为高等院校土木工程、工程造价与管理、民用建筑等专业的教材，也可供建筑工程技术人员、造价人员及从事有关经济管理的工作人员参考。

图书在版编目(CIP)数据

厂库房大门、特种门、木结构工程工程量清单计价条文注释与实例解析/张国栋主编. —上海：上海科学技术出版社，2012.6
（建筑工程工程量清单计价条文注释与实例解析系列丛书）
ISBN 978—7—5323—9981—9

Ⅰ.①厂… Ⅱ.①张… Ⅲ.①门－建筑工程－工程造价－手册②木结构－建筑工程－工程造价－手册 Ⅳ.①TU723.3—62

中国版本图书馆 CIP 数据核字(2012)第 027297 号

上海世纪出版股份有限公司
上海 科 学 技 术 出 版 社 出版、发行
（上海市钦州南路 71 号 邮政编码 200235）
苏州望电印刷有限公司印刷
新华书店上海发行所经销
开本 787×1092 1/16 印张 8 字数：186 千
2012 年 6 月第 1 版
2012 年 6 月第 1 次印刷
ISBN 978—7—5323—9981—9/TU·356
定价：20.00 元

本书如有缺页、错装或坏损等严重质量问题，
请向工厂联系调换

编　委　会

主　　编　张国栋

参　　编　文学红　　赵小云　　荆玲敏　　李　锦　　张　涛
　　　　　　郭芳芳　　洪　岩　　马　波　　杨进军　　郭小段
　　　　　　冯雪光　　李　存　　董明明　　王春花　　王文芳
　　　　　　邓　磊　　李　雪　　刘海永　　惠　丽　　郑倩倩
　　　　　　任东莹　　后亚男　　何婷婷　　高印喜　　武　文

前　言

为了帮助建筑工程造价工作者加深对中华人民共和国住房和城乡建设部新颁布的《建设工程工程量清单计价规范》(GB 50500—2008)的理解和应用,我们特组织编写此书。

本书严格按照《建设工程工程量清单计价规范》(GB 50500—2008)中的"A.5 厂库房大门、特种门、木结构工程"部分的次序编写。对清单中的项目名称、项目特征、工程量计算规则、工程内容均作了较详细的解释,并附有大量实例,以便读者加深对清单的理解。

本书具有以下三大特点:

1. 新,即一切以住房和城乡建设部新颁布的《建设工程工程量清单计价规范》(GB 50500—2008)为准则,捕捉最新信息,把握新动向,对清单中出现的新情况、新问题加以分析,开拓实践工作者的思路,以使他们能及时了解实际操作过程中清单的最新发展情况,跟上实际操作步伐。

2. 全,即将建筑工程造价领域所涉及的知识系统地结合起来,为定额的编制、清单的编制说明、工程量计算规则的释义而服务,从中找出一些规律,使篇幅紧凑、条目细、层次清,增强对建筑工程工程量清单计价规范的理解。

3. 实际操作性强,即一切从造价工作者实际操作的需要出发,一切为造价工作者着想,在编写过程中,我们一直设身处地,把自己看成实际操作者,实际操作者需要什么我们就编写什么。

本书图、文、表并举,采用编码释义的形式,与《建设工程工程量清单计价规范》(GB 50500—2008)相对应。为方便读者查找,目录编排力求详尽,是一本造价工作者的理想参考书。

本书在编写过程中得到了许多同行的支持与帮助,在此表示感谢。由于编者水平有限和时间紧迫,书中难免有疏漏和不妥之处,望广大读者批评指正。如有疑问,请登录 www. gczjy. com(工程造价员网)或 www. ysypx. com(预算员网)或 www. debzw. com(企业定额编制网)或 www. gclqd. com(工程量清单计价网),或发邮件至 zz6219@ 163. com 或 dlwhgs@ tom. com 与编者联系。

编　者

目　录

第一章　厂库房大门、特种门

A.5.1　厂库房大门、特种门。工程量清单项目设置及工程量计算规则,应按表 A.5.1 的规定执行。

【释义】　厂库房大门、特种门定额划分为木板大门、平开钢木大门、推拉钢木大门、冷藏库门、冷藏冻结间门、防火门、保温门、变电室门、折叠门 9 部分,共 37 个项目。按平开或推拉、带采光窗或不带采光窗、一面板或二面板(防风型、防严寒型 2 种)、保温层 100 厚或 150 厚、实拼或框架式等方法划分项目。

厂库房大门、特种门五金零件应正确选用,并用螺钉拧紧于框上,如遇有外露的螺钉头应凿平,凿平后再一次将螺钉拧紧。门扇及开关五金安装完毕后,才能进行门框裁口内的粉刷,必须严格控制与门扇的缝隙,不得任意加大,保证缝隙严密,刷防腐油的目的是防止门过早地腐蚀,延长其使用时间。

第一节　木板大门

项目编码　010501001

项目名称　木板大门

项目特征　1. 开启方式;2. 有框、无框;3. 含门扇数;4. 材料品种、规格;5. 五金种类、规格;6. 防护材料种类;7. 油漆品种、刷漆遍数

计量单位　樘/m²

工程量计算规则　按设计图示数量或设计图示洞口尺寸以面积计算

工程内容　1. 门(骨架)制作、运输;2. 门、五金配件安装;3. 刷防护材料、油漆

【释义】

一、名词解释和基本知识

(一)项目名称

门:主要由门樘、门扇、腰头窗和五金零件等部分组成。门扇通常有玻璃门、镶板门、夹板门、百叶门和纱门等。腰头窗又称亮子,在门的上方,供通风和辅助采光用,有固定、平开及上、中、下旋等方式,其构造基本同窗扇。门樘是门扇及腰头窗与墙洞的连系构件,有时还有贴脸或筒子板等装修构件。五金零件含有铰链、拉手、插销、门锁和门碰头等。

门框:由上框、边框、中框、中竖框组成(图 1-1)。

平开木板大门:指采用平开式,用木材做门扇的骨架,再镶拼木板而成的门,如图 1-2 所示。木板门是厂房或仓库常用的大门,没有门框,采用预理在门洞旁墙体内的钢铰轴与门扇连接。

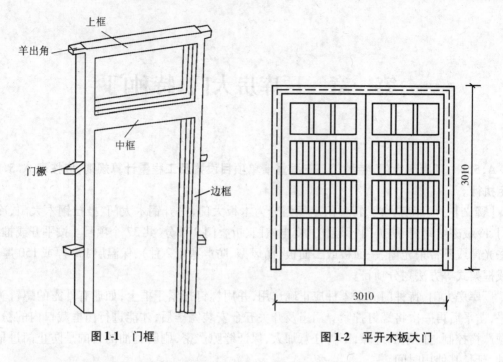

图 1-1　门框　　　　　　　　　　　图 1-2　平开木板大门

推拉木板大门:指门的开启与关闭采用推拉式,而门扇用木材做骨架,再镶拼木板而成。

防火门:指将门扇的木材表面用镀锌铁皮包护起来,免受火种直接烧烤。根据需要,可以在包铁片前先铺衬毛毡或石棉板,以增强防火能力,也可以不铺其他东西只包铁皮,这种门可用于高温车间或腐蚀车间。

橡胶板 3mm:指 3mm 厚的橡胶板。

(二)项目特征

1.门的开启方式

门的开启方式主要是由使用要求决定的,通常有平开门、弹簧门、推拉门、折叠门、转门等,其他还有卷帘门、上翻门、升降门等。

(1)平开门:水平开启的门,如图1-3a所示。铰链安在侧边,有单扇和双扇、向内开和向外开之分。平开门的构造简单,开启灵活,制作安装和维修均较方便,为一般建筑中使用最广泛的门。

(2)弹簧门:形式同平开门,但侧边用弹簧铰链或下面用地弹簧传动,开启后能自动关闭,如图 1-3b 所示。多数为双扇玻璃门,能内外弹动;少数为单扇或单向弹动,如纱门。弹簧门的构造与安装比平开门稍复杂,多用于人流出入较频繁或有自动关闭要求的场所。门上一般都安装玻璃,以免进出人员相互碰撞。

(3)推拉门:亦称扯门,在上下轨道上左右滑行。推拉门可有单扇或双扇,可以藏在夹墙内或贴在墙面外,占用面积较少,如图1-3c所示。推拉门构造较为复杂,一般用于两个空间需扩大联系的门。在人流众多的地方,还可以采用光电管或触动式设施使推拉门自动启闭。

(4)折叠门:为多扇折叠,可拼合折叠推移到侧边,如图1-3d所示。传动方式简单者可以同平开门一样,只在门的侧边装铰链;复杂者在门的上边或下边需要装轨道及转动五金配件,一般用于两个空间需要更为扩大联系的门。

(5)转门:为三扇或四扇门连成风车形,在两个固定弧形门套内旋转的门,如图1-3e所示。

对防止内外空气的对流有一定的作用,可作为公共建筑及有空气调节房屋的外门。一般在转门的两旁另设平开或弹簧门,作为不需空气调节的季节或大量人流疏散之用。转门构造复杂,造价较高,一般情况不宜采用。

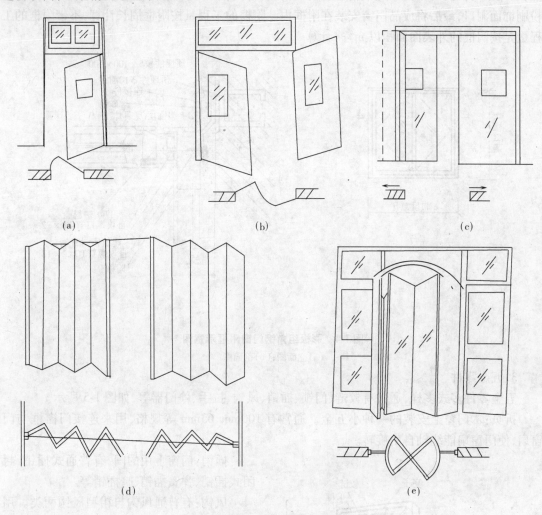

图 1-3　门的开启方式

(a)平开门;(b)弹簧门;(c)推拉门;(d)折叠门;(e)转门

(6)升降门:开启时门扇沿导轨上升,需在门洞上部留有足够的上升空间。

(7)上翻门:门扇侧面有平衡装置,门的上方有导轨,开启时门扇沿导轨向上翻起。

(8)其他还有卷帘门等,一般适用于需较大活动空间的场所,如车间。

2.门框的断面形式与组成

门框的断面形式与门的开启方式及宽度尺寸、层数有关,还与门扇重量及门的位置有关。

外门尺寸应比内门尺寸大一些。外门尺寸可为(60~70)mm×(140~150)mm,内门尺寸可为(50~70)mm×(100~120)mm。有纱门时,用料宽度不宜小于150mm。为使门扇开启方便,并具有一定的密闭性,门框上留有裁口,裁口宽度由门扇厚度确定,裁口深度一般为12mm。

不锈钢片包门框指的是将门框的木材表面用不锈钢片包护起来,增加门的美观,还可免受火种直接烧烤。在包不锈钢片时,可以根据需要,在包钢片前先铺衬毛毡或石棉板,以增强防火能力,也可以不铺其他东西只包钢片。

彩板组角钢门窗的安装分带附框(图1-4)与不带附框两种。附框是指成品门窗外的一种框,它用于门窗洞口不需预先做精心粉刷的情况,待附框与墙中预埋件连接安装好后,再进行粉刷饰面洞口,最后将成品门窗安装在附框内。附框的工程量按附框周长计算,不带附框的工程量是按门框的外表面面积以 m² 来计算。

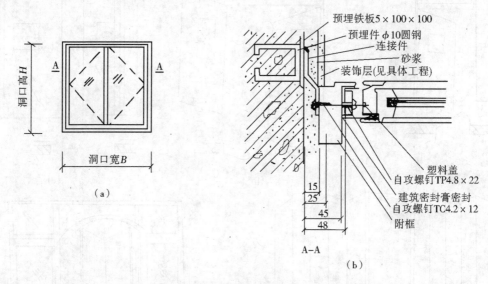

图1-4　彩板组角钢门窗附框示意图
(a)立面图;(b)剖面图

3.五金零件

五金零件多式多样,通常有铰链、门锁、插销、风钩、拉手、停门器等,如图1-5 所示。

折页:木门窗上安装的一种小五金。通常有 100mm、63mm 等规格,用来连接门窗框与门窗扇,使门窗扇能绕轴自由旋转。

插销:门窗上用的闩,有普通式插销、封闭式插销、弹簧插销、暗插销等。

风钩:有普通风钩与粗型风钩两类。用于开窗后将窗固定起来,避免窗因为风大任意地开关。

拉手:有弓型拉手、底板拉手、管子拉手三种类型。弓型拉手适用于窗亮子、推拉窗、一般玻璃窗扇及纱窗扇、宽度在 700mm 以内的小型内门、一般内外门;底板拉手适用于较高级建筑的小型内门、较高级建筑内外门、公共建筑的较高较宽的门扇;管子拉手常用于商店、影剧院、旅店、纪念性建筑等公共建筑的外门上,根据门扇宽度及美观需要,可横装、竖装及斜装。以铝合金为材料制成的拉手称为铝合金拉手。

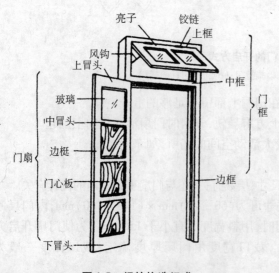

图1-5　门的构造组成

铁搭扣:一种门窗小五金,用以辅助固定门扇或窗扇。

门锁:有单舌普通门锁、双舌普通门锁、单舌按钮门锁、单舌按钮企口门锁与双舌企口门锁五种类型。门锁的作用是防止外面的人随意进入室内,起安全保障作用。

门插:有普通型与封闭型两种,起固定门以免门被风吹开的作用。

门铰:用来连接门的两部分的装置或零件,所连接的两个部分或其中一部分能绕着铰链的轴自由转动。

螺钉:圆柱形或圆锥形金属杆上带螺纹的零件。

气楼:指屋顶上(或屋架上)用做通风换气的突出部分,一般安设百叶窗。

门碰珠:指安全门扇边梃侧边上半露的一个弹簧圆珠,在门框上的相应部位装有锁扣。

门碰头:指装在门上冒头或下冒头的碰头。在门扇开直后可与装在墙上或地面上的铁卡子扣住,以固定门窗。

4. 油漆工程

泛指各种油类、漆类、涂料及树脂涂刷在建筑物、木材、金属表面,以保护建筑物、木材、金属表面不受侵蚀的施工工艺,具有装饰耐用的特点。

油漆品种、刷漆遍数:建筑工程中常用油漆有清油、厚漆、调和漆、清漆、磁漆、防锈漆、油漆腻子。涂刷混色油漆时,一般不少于四遍,清漆涂刷不宜少于五遍。

清油:又称熟油、鱼油,是用干性油或干性植物油再加部分干性植物,经过熬炼并加入催干剂而制成的。清油多用于稀释红丹防锈漆及厚漆,可单独涂刷基层表面,也可做打底涂料,但漆膜柔韧,易发黏。清油市场上有成品出售。

厚漆:又称铅油,由白铅粉和亚麻仁油调合研磨而成。有很多颜色,漆膜软,可用于各种涂层打底或单独做面层涂覆,亦可用来调配色油和腻子。

调和漆:分油性调和漆和磁性调和漆两类,磁性调和漆一般适用于室内木器、家具和金属构件的表面涂饰。

清漆:它的主要成膜物质为树脂,分树脂清漆和油基清漆两类。常用的有酚醛清漆、虫胶清漆和醇酸清漆。其特点是漆膜干燥快、光泽透明。

另外还有大漆,俗称围漆、生漆或土漆,大漆在室内主要用于高级家具及木器的涂饰。

松香水:它是涂料稀释剂之一,透明无色,可代替松节油,用以降低油漆的黏度,便于施工。

底漆:涂于物体表面的第一层涂料叫底漆,主要起填平、修补、封闭等作用。

乳胶:乳白色液体的黏结剂的一种,其成分主要为聚醋乙烯树脂,可直接或少量使用水调剂,胶结强度较大。

油灰:由石膏粉(或滑石粉等)和黏结剂(血料、皮胶、骨胶、桐油、清漆或喷漆)调制而成的膏状物体,常用于油漆面缺陷不平之处。

润油粉:在大白粉中加色粉、光油、清油、松香水混合成糊状物叫润粉;用麻团沾上油粉,将木材棕眼擦平叫润油粉;将水胶、大白粉、色粉混合成浆糊状,将木材面的棕眼擦平叫水润粉。

防锈漆:指能保护金属面免受大气、海水等侵蚀的涂料,由防锈颜料(如氧锌、锌铬黄铝酸钙、铝粉、氧化铁、铅丹等)、干性油树脂和沥青等经调制研磨而成。

无光调和漆:亦称平光调和漆,漆中含颜料较多并加平光剂(如硬脂酸铅、硅藻土等),涂刷干燥后,漆膜无强烈反光,对人的视觉神经无刺激,常用于室内墙面及某些军事装备的外表,在建筑油漆中常代替铅油(厚漆)打底熟桐油(亦称干性油),是用生桐油经搅拌氧化,日晒或经低温烘烤而得,在建筑施工中一般用于刷木板底油。

醇酸磁漆:以清漆为基料,由醇酸与磁漆调制而成。以醇酸为成膜物质,具有较好的光泽和机械强度,能在常温下干燥,较酚醛漆好,适用于金属表面涂刷。涂刷干燥后能形成光滑而且坚硬的膜。

酚醛清漆:以酚醛树脂为主要成分的清漆,具有干燥快、漆膜光亮、坚硬耐水等特点,色泛黄。多用于木器和不易碰撞的物件表面的涂刷。

醇酸漆稀料:是一种能溶解其他物质的溶剂材料,如常用 200 号汽油,能在一定期限内将醇酸树脂稀释。

油漆溶剂油:又称稀释剂,用于油漆的稀释溶解。

5. 其他

油灰:桐油和石灰的混合物,用来填充器物上的缝隙,可用于填充门扇与门框及门扇之间的缝隙。

铁钉:由铁件制成的一端为尖端,另一端接受锤击的物件。铁钉能起到固定玻璃的作用。

乳白胶:一种胶合强度较高的乳白色液体。用于木板的粘合,主要成分是聚酯酸乙烯树脂。乳白胶可以直接使用或者加入少量的水进行调制。

麻刀:即碎麻丝,常与石灰掺和在一起用于抹墙面及天棚面的罩面,起拉筋作用。

石灰:用石灰石(碳酸钙)烧成的块状物叫石灰,也叫生石灰,加水即变成氢氧化钙并放出大量的热,是建筑施工的主要材料之一。

麻刀石灰浆:指用石灰膏与麻丝加水拌和而成的灰膏,作为粉刷之用。

防腐油:又称柏油、臭油,是一种具有强烈臭气的黑色液体,稀释后如水一样,在建筑上多用于木材防腐剂及白铁、生铁构件的防腐涂料。

铁纱:由铁制成的多孔物件,一般镶嵌在门及窗上防止蚊蝇入室。

木楔:由木制成的小楔块,用于建筑构件中缝隙的垫撑。

垫木:一般是指运输或堆放建筑材料中用于分层垫放的木块。

板条1000×30×8:指长为1000mm,宽为30mm,厚度为8mm 的板条。

木榫:竹、木、石制品构成构件上利用凹凸方式相接处凸出的部分叫榫,做榫主要是使两木板连接牢固。如图1-6所示为木榫示意图。

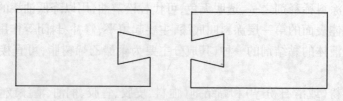

图1-6　木榫

(三)工程量计算规则

按设计图示数量或设计图示洞口尺寸以面积计算。

(四)工程内容

油漆涂料施工:包括基层处理、打底子、抹腻子和涂刷油漆等工序。

(1)基层处理:为保证油漆施工质量,必须对油漆基层进行处理,其具体要求与涂料工程基层处理相同。

(2)打底子:在处理好的基层表面上刷底子油一遍(可适当加色),并保证其厚薄均匀一致,以保证整个油漆面色泽均匀。

(3)抹腻子:物体表面的缺陷,在涂饰前必须用腻子嵌补,使其表面平整。腻子是由涂料、填料、水或松香水等拌制而成的膏状物,具有较牢固的附着力,对上层涂料或胶有较好的黏结力。

(4)涂刷油漆:油漆装饰可分为三个等级,即普通油漆、中级油漆和高级油漆三种。不同的等级影响不同的施工工艺,对所用的材料也有所区别。

工程中常用的涂漆方法有涂刷、滚涂、空气喷涂和高压无空气喷涂等。

当室外平均气温低于5℃和最低气温低于−3℃时,油漆涂料施工应按冬期施工方法进行。室内油漆涂料施工时,应尽量利用抹灰工程的热源,保持和提高环境温度。当使用油脂漆类时,可以加一些催干剂,以促使油漆快速干燥。

木门运输的工程内容有装车、绑扎、运输,按指定地点卸车、堆车。

二、工程量计算实例

【例1-1】 求图1-7平开木板大门工程量。

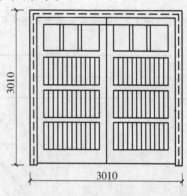

图1-7 木板大门

【解】 (1)定额工程量

工程量 = $3.01 \times 3.01 = 9.06 m^2$

注:3.01为木板大门的宽和高。

套用基础定额7−129、7−130。

(2)清单工程量

清单工程量计算同定额工程量。

清单工程量计算见表1-1。

表1-1 清单工程量计算表

项目编码	项目名称	项目特征描述	计量单位	工程量
010501001001	木板大门	平开,尺寸3010mm×3010mm	m^2	9.06

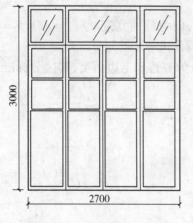

图1-8 推拉木大门示意图

【例1-2】 如图1-8所示,求推拉木板大门的工程量。

【解】 (1)定额工程量

工程量 = $3.0 \times 2.7 = 8.10 m^2$

注:3.0为推拉木门的高,2.7为推拉木门的宽。

套用基础定额7−133、7−134。

(2)清单工程量

清单工程量计算同定额工程量。

清单工程量计算见表1-2。

表1-2 清单工程量计算表

项目编码	项目名称	项目特征描述	计量单位	工程量
010501001001	木板大门	推拉,尺寸3000mm×2700mm	m^2	8.10

【例1-3】 某小型单层工业厂房,安装平开带采光窗木板大门,前后各安装1樘,洞口尺寸均为2700mm×2700mm,该厂库房大门的具体形式如图1-9所示,试计算其工程量。

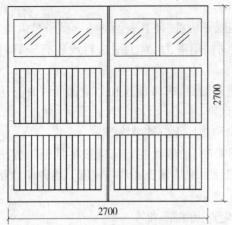

图 1-9　平开带采光窗木板大门

【解】　（1）定额工程量

工程量 = 2.7 × 2.7 × 2 = 14.58m²

注:2.7 为门洞口宽和高,2 为门的樘数。

平开带采光窗木板大门门扇制作套用基础定额 7-129;

门扇安装套用基础定额 7-130。

（2）清单工程量

工程量 = 2 樘

清单工程量计算见表 1-3。

表 1-3　清单工程量计算表

项目编码	项目名称	项目特征描述	计量单位	工程量
010501001001	木板大门	平开带采光窗,尺寸 2700mm × 2700mm	樘	2

【例 1-4】　如图 1-10 所示,试确定门窗贴脸条是属于板材还是方材。

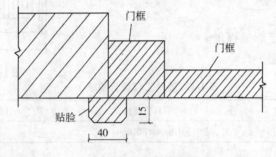

图 1-10　门贴脸构造

【解】　根据题意,已知贴脸条的宽为 4cm,厚为 1.5cm,因为截面宽度/厚度 = 4/1.5 = 2.67 < 3,所以贴脸条应为方材。区分了板方材后,再将板方材作进一步的划分。

板材分为薄板、中板、厚板、特厚板四种,上述四种又细分为齐边和毛边两类,其区分标准如下。

薄板:毛料厚度 1.2 ~ 2.3cm;

中板:毛料厚度 2.4 ~ 3.5cm;

厚板:毛料厚度 3.5cm 以上。

方材分为小方、中方、大方、特大方四种,其区分标准如下。

小方:断面面积(宽×厚)小于或等于 54cm²;

中方:断面面积(宽×厚)为 55 ~ 100cm²;

大方:断面面积(宽×厚)为 101 ~ 225cm²;

特大方:断面面积(宽×厚)大于 225cm²。

【例 1-5】　某工程设计采用标准图集苏 J73-2,M503 胶合板门,求调整木材用量后的定额合计价。

【解】　（1）查湖北省建筑工程消耗量定额及统一基础价表得胶合板门竖框(含刨光损

耗)定额取定断面为 60mm × 100mm,即 60cm²;扇立梃(含刨光损耗)定额取定断面 38mm × 60mm,即22.8cm²。

(2)查标准图集苏 J73 - 2,M503 门断面用料表及三夹板门节点大样,得 M503 边框断面为 52mm ×95mm,即49.4cm²;门扇主梃断面为 40mm ×60mm,即24cm²。

(3)M503 为单扇无亮无纱胶合板门,套用湖北省建筑工程消耗量定额及统一基价表 B5 -25、B5 -26、B5 -27、B5 -28 定额项目,得门框定额材积2.388m³/100m²,门扇定额材积 1.937m³/m²。

(4)按前述公式计算。

门框设计(断面)材积:$\dfrac{49.4}{60} \times 2.388 = 1.966m^3/100m^2$

门框调整体积:$1.966 - 2.388 = -0.422m^3/100m^2$

门扇设计(断面)材积:$\dfrac{24}{22.8} \times 1.937 = 2.039m^3/100m^2$

门扇调整材积:$2.039 - 1.937 = 0.102m^3/100m^2$

B5 -25 换单价为:$2845.65 - 0.422 \times 1000 = 2423.65元/100m^2$

B5 -28 换单价为:$7866.66 + 0.102 \times 1000 = 7968.66元/100m^2$

调整木材用量后的定额合计价为:

$(200/100) \times (2423.65 + 315.29 + 7968.66 - 212.30) = 20990.60元$

【例 1-6】　如图 1-11 所示,带亮推拉木板门,试计算工程量。

【解】　(1)定额工程量

工程量 $= 0.9 \times 1.8 = 1.62m^2$

套用基础定额 7 -133 ~ 7 -136。

(2)清单工程量

清单工程量计算同定额工程量。

清单工程量计算见表 1-4。

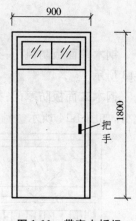

图 1-11　带亮木板门

表 1-4　清单工程量计算表

项目编码	项目名称	项目特征描述	计量单位	工程量
010501001001	木板大门	1. 有框 2. 带亮木板门 3. 单扇门	m²	1.62

第二节　钢木大门

项目编码　010501002

项目名称　钢木大门

项目特征　1. 开启方式;2. 有框、无框;3. 含门扇数;4. 材料品种、规格;5. 五金种类、规格; 6. 防护材料种类;7. 油漆品种、刷漆遍数

计量单位　樘/m²

工程量计算规则　按设计图示数量或设计图示洞口尺寸以面积计算

工程内容　**1.**门(骨架)制作、运输;**2.**门、五金配件安装;**3.**刷防护材料、油漆

【释义】

一、名词解释和基本知识

(一)项目名称

钢木大门:指大门门扇采用钢骨架,再将木板镶入钢骨架,然后安装压条。二面板、三面板平开钢木大门是指钢木大门的开启采用平开方式,二面板起防风作用,三面板能起防严寒的作用。如图1-12所示为单面板平开钢木大门。

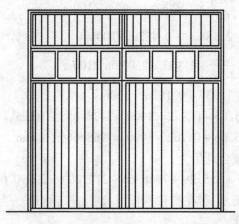

图1-12　单面板平开钢木大门

钢木单面板防风门:指用型钢做骨架,一面钉木板的钢木混合门,有推拉和平开之分,如图1-13所示。

钢木二面板防寒门:指用型钢做骨架,两面钉木板,中间夹防寒材料的大门,有平开和推拉之分,如图1-14所示。

图1-13　钢木单面板防风门

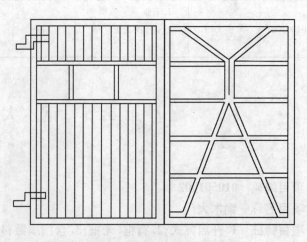

图1-14　钢木二面板防寒门

　　单面板平开钢木大门是指用型钢做骨架,再镶拼木板做面板,采用螺栓连接而成的单面板大门,平开是指门的开启方式。门扇镶木板后,堆放时要注意平直,运输时避免振动,门框上的预埋件规格及位置应按相应的图纸尺寸埋入混凝土中,上下门轴与门框中埋入铁件焊牢,然后将制作好的门扇安装入小门的内面。

　　单面板推拉钢木大门指大门的开启与关闭方式采用推拉型,门扇骨架采用钢骨架,然后在钢骨架内安嵌木板而成的。

　　二面板、三面板推拉钢木大门指大门的开启与关闭方式采用推拉型,门扇分别采用二面板以防风、三面板防严寒,门扇采用钢骨架形式,在骨架内安嵌有木板而成,最后安装压条钻孔用螺栓铆接好。防严寒型是两层门板中间夹保温材料做成;防风型是用两层门板做成(图1-15),但两者都要用橡胶板盖缝条,而普通型只用一层门板,也无盖缝条。

　　油灰:桐油和石灰的混合物,用来填充器物上的缝隙。此处用于填充钢门窗扇与钢门框之间的缝隙。

　　清油:又称鱼油、熟油,是用干性植物油或干性植物油再加部分干性油,经熬炼并加入催干剂而成。清油多用于打底涂料。

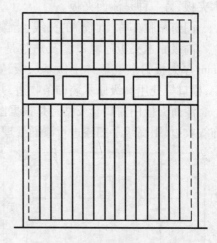

图1-15　二面板推拉钢木大门

　　钢材防火:裸露的未作表面防火处理的钢结构耐火极限仅为15min左右,在温升500℃的环境下强度迅速降低,甚至会迅速垮塌。

　　一等硬木板方材:板方材是用原木纵向锯成的板材和方材的统称。

　　木螺钉5×35:指直径为5mm,钉杆长度为35mm的木螺钉。木螺钉分为沉头木螺钉、半沉头木螺钉、半圆头木螺钉三种。沉头木螺钉适用于门窗、家具等上的铰链、插销、拉手、门锁等,用途最广;半沉头木螺钉钉头略有突出,增强钉头强度,并起装饰作用;半圆头木螺钉适用于钉头允许露出构件表面的场合。

　　石油沥青油毡350#:采用石油沥青胶黏结的油毡,有防水的作用。石油沥青分建筑石油沥青、道路石油沥青和普通石油沥青三种。此处指的是建筑石油沥青,它黏性较高。石油沥青是由多种极其复杂的碳氢化合物及其非金属(主要为氧、硫、氮等)衍生物所组成的混合物。沥青中的主要成分有油分、树脂(沥青脂胶)、地沥青质。石油沥青的性质随各组成分的数量比例不同而变化。石油沥青具有防水性、耐蚀性与黏性。油毡是用高软化点沥青涂盖油纸的两面,再撒布一层滑石粉或云母片而成。油毡按每平方米的重量克数,分为200、350、500三种标号。此处指的是第二种标号的油毡。石油沥青油毡只能用石油沥青粘贴,堆放时不能超过两层。

　　矿棉:即矿物棉,是"矿渣棉"和"岩石棉"的统称,将矿渣或岩石熔融后以高压的空气或蒸汽喷吹成细纤维而得。矿棉的特点是隔热和吸声性能良好,能耐660℃高温。常制成疏松小团状、毛毡状或板状,主要供建筑及工业设备用做隔热或吸声材料,还可用做过滤介质、包装衬垫材料和防火材料等。

　　(二)项目特征

　　同第一章第一节项目特征中相关释义。

（三）工程量计算规则

按设计图示数量或设计图示洞口尺寸以面积计算。

（四）工程内容

门窗口套及贴脸是为了增加门窗洞美观，为墙面装饰层提供理想的收口而常采用的一种门窗装饰手法。其款式多样，施工中根据设计的形状进行制作安装。施工方法一种是高级原木夹板，另一种是漆面夹板。

门窗贴脸亦称门（窗）的头线，指镶在门（窗）外的木板。

高级原木夹板门窗口套及贴脸是先在门窗洞内外侧的墙体上钻孔塞入木条，用铁钉把9mm 厚夹板钉装在墙体上做基层板，宽、高根据设计而定，然后将高级原木夹板粘贴在基层板上，横口等处用高级原木装饰条收边，并用硝基清漆进行饰面处理。

漆面夹板门窗口套及贴脸是根据图纸用铁钉将 12mm 厚夹板钉在墙上，横口等处用木装饰线收边，用高级手扫漆进行漆面处理。

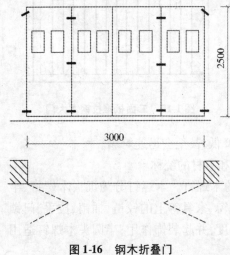

图 1-16　钢木折叠门

二、工程量计算实例

【例 1-7】　如图 1-16 所示，求钢木折叠门工程量。

【解】　（1）定额工程量

工程量 $= 3 \times 2.5 = 7.50 \text{m}^2$

套用基础定额 7 - 164、7 - 165。

（2）清单工程量

清单工程量计算同定额工程量。

清单工程量计算见表 1-5。

表 1-5　清单工程量计算表

项目编码	项目名称	项目特征描述	计量单位	工程量
010501002001	钢木大门	1. 折叠开启 2. 不含门扇	m^2	7.50

【例 1-8】　如图 1-17 所示，求二面板推拉钢木大门（防风型）工程量。

【解】　（1）定额工程量

工程量 $= 3.6 \times 3 = 10.80 \text{m}^2$

套用基础定额 7 - 145、7 - 146。

（2）清单工程量

清单工程量计算同定额工程量。

清单工程量计算见表 1-6。

表 1-6　清单工程量计算表

项目编码	项目名称	项目特征描述	计量单位	工程量
010501002001	钢木大门	1. 推拉开启 2. 有门扇 3. 含五金	m^2	10.80

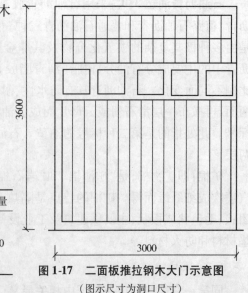

图 1-17　二面板推拉钢木大门示意图

（图示尺寸为洞口尺寸）

【**例1-9**】 求如图 1-18 所示单面平开钢木大门工程量。

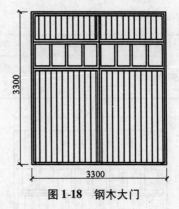

图 1-18 钢木大门

【**解**】 (1)定额工程量

工程量 $= 3.3 \times 3.3 = 10.89\text{m}^2$

注:3.3 为钢木大门的宽和高。

套用基础定额 7－137、7－138。

(2)清单工程量

清单工程量计算同定额工程量。

清单工程量计算见表 1-7。

表 1-7 清单工程量计算表

项目编码	项目名称	项目特征描述	计量单位	工程量
010501002001	钢木大门	平开,两扇,尺寸 3300mm×3300mm	m²	10.89

【**例1-10**】 如图 1-19 所示,求钢木折叠门的工程量。

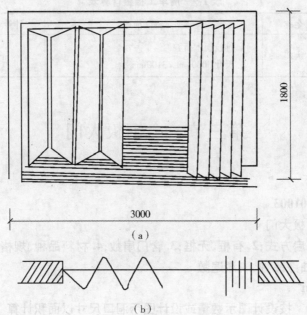

图 1-19 钢木折叠门

(a)立面图;(b)平面图

【**解**】 (1)定额工程量

工程量 $= 3 \times 1.8 = 5.40\text{m}^2$

套用基础定额 7－145、7－146。

注:弹簧门、厂库大门、钢木大门及其他特种门,定额所附五金铁件表均按标准图用量计算列出,仅做备料参考。

(2)清单工程量

清单工程量计算同定额工程量。

清单工程量计算见表 1-8。

表1-8　清单工程量计算表

项目编码	项目名称	项目特征描述	计量单位	工程量
010501002001	钢木大门	1. 折叠开启 2. 尺寸 3000mm×1800mm	m²	5.40

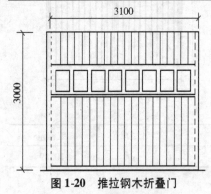

图1-20　推拉钢木折叠门

【例1-11】　推拉钢木折叠门(图1-20),共10樘,求其工程量。

【解】　(1)定额工程量

工程量 = 3×3.1×10 = 93.00m²

套用基础定额7-147、7-148。

(2)清单工程量

清单工程量计算同定额工程量。

清单工程量计算见表1-9。

表1-9　清单工程量计算表

项目编码	项目名称	项目特征描述	计量单位	工程量
010501002001	钢木大门	1. 推拉钢木折叠 2. 尺寸 3000mm×3100mm	m²	93.00

第三节　全钢板大门

项目编码　**010501003**

项目名称　**全钢板大门**

项目特征　**1.** 开启方式;**2.** 有框、无框;**3.** 含门扇数;**4.** 材料品种、规格;**5.** 五金种类、规格;**6.** 防护材料种类;**7.** 油漆品种、刷漆遍数

计量单位　樘/m²

工程量计算规则　按设计图示数量或设计图示洞口尺寸以面积计算

工程内容　**1.** 门(骨架)制作、运输;**2.** 门、五金配件安装;**3.** 刷防护材料、油漆

【释义】

一、名词解释和基本知识

(一)项目名称

全钢板大门:指大门由钢板铸成,有平开与推拉两种,分别表示门的开启与关闭方式采用平开式或推拉式。钢板包括薄板钢与厚板钢两种,厚度≤4mm 的为薄板钢,>4mm 的为厚板钢。

全钢板大门折叠门:指大门由全钢板铸成,而且采用折叠方式关闭或开启。

(二)项目特征

钢骨架:由钢材铸成的骨架,用在折叠门的四周,起固定保护钢门的作用。

角钢:指型钢根据截面的形状分成的一种类型,有等边与不等边两种类型。

扁钢:亦是型钢根据截面的形状分成的一种类型,有中型扁钢(宽度为60~100mm)、大型扁钢(宽度≥101mm)和小型扁钢(宽度≤59mm)。

钢板1.5:指厚度为1.5mm的钢板,是属于薄钢板,有普通薄钢板(如普通碳素钢薄钢板、花纹钢板及酸洗钢板)、优质钢板(如碳素结构钢钢板、合金结构钢钢板、不锈钢钢板)和镀层钢板(如镀锌钢板、镀锡钢板、镀铅钢板等)。

氧气:一种气体,化学符号为O_2,无色无臭,能助燃,化学性质很活泼,用途广泛。

乙炔气:一种能够燃烧的气体,化学符号为C_2H_2,与氧气一起作为焊接气体。

底漆:涂于物体表面的第一层涂料叫底漆,主要起填平、修补、封闭等作用。

防锈漆:即铅丹漆,或红丹油、章丹油,主要涂在钢制品的表面,起防锈作用。

平面橡胶板2mm:指厚度为2mm的平面橡胶板,以橡胶为主要原料加工而成。

门铁件:是门扇安装过程中的小五金。

钢珠32.5:指直径为32.5mm的钢制圆形珠子,用在钢大门的门轴处。

钢丝弹簧$L=95$:指长度为95mm的钢丝弹簧,用钢丝绕成,用在平开式全钢板大门中,协助大门的开关工作。

(三)工程量计算规则

按设计图示数量或设计图示洞口尺寸以面积计算。

(四)工程内容

五金同第一章第一节项目特征相关释义。

二、工程量计算实例

【例1-12】　某厂房有如图1-21所示平开全钢板大门(带探望孔),共3樘,刷防锈漆。计算平开全钢板大门制作安装及配件工程量,确定定额项目。

【解】　(1)定额工程量

①平开全钢板大门制作安装工程量:3.00×3.60×3=32.40m²

全钢板大门(平开式)门扇制作套用山东省建筑工程消耗量定额5-4-18。

定额基价:1523.98元/10m²。

全钢板大门制作不包括门框和小门制作,如带小门者,人工乘系数1.25。

注:小门是指过人小门。

全钢板大门(平开式)门扇安装套用基础定额7-314。

②平开全钢板大门配件工程量:3樘。

平开钢板大门配件套用山东省建筑工程消耗量定额5-9-26。

定额基价:2622.02元/10樘。

(2)清单工程量

清单工程量计算同定额工程量。

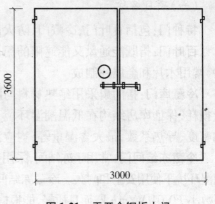

图1-21　平开全钢板大门

清单工程量计算见表 1-10。

表 1-10   清单工程量计算表

项目编码	项目名称	项目特征描述	计量单位	工程量
010501003001	全钢板大门	平开全钢板大门	m²	32.40

第四节　特种门

项目编码　　**010501004**

项目名称　特种门

项目特征　1. 开启方式;2. 有框、无框;3. 含门扇数;4. 材料品种、规格;5. 五金种类、规格;6. 防护材料种类;7. 油漆品种、刷漆遍数

计量单位　樘/m²

工程量计算规则　按设计图示数量或设计图示洞口尺寸以面积计算

工程内容　1. 门(骨架)制作、运输;2. 门、五金配件安装;3. 刷防护材料、油漆

【释义】

一、名词解释和基本知识

(一)项目名称

特种门:包括百叶门、冷藏门、防火门、防盗门、金库门、保温门等。

百叶门:指既能通风又能遮阳的门,用横薄板条上下重叠成鱼鳞状,分固定和可以转动两种,常用木片和金属片制成。

冷藏库门:指门扇采用绝热材料与防潮材料做成的有特殊要求的门,以避免热桥、减少冷量损耗,保证库房结构在低温潮湿环境下使用的安全性和耐久性。采用绝热材料的主要性能如密度、导热系数,最大含湿量等,均应满足设计要求。

冷藏冻结间门:常用于冻结间,采用良好的绝热材料嵌入门扇。冷藏冻结间门要求在低温和潮湿环境下使用安全和耐久。冷藏冻结间门扇要求采用绝热性能很高的聚苯乙烯泡沫板,其导热系数小于0.041W/m·k,而且质轻,能根据设计要求规格尺寸在施工现场进行切割,便于施工。

防火门:用于加工易燃品的车间或仓库。根据车间对防火门耐火等级的要求,门扇可以采用钢板、木板外贴石棉板再包以镀锌铁皮或木板外直接包镀锌铁皮等。防火门关闭紧密,开启方便,常见的方法是在钢板或木板门扇和门框外包5mm厚的石棉板或26号镀锌铁皮,门扇铁皮及石棉板门扇的两侧设泄气孔,泄气孔用低熔点焊料焊牢,以防火灾时木材碳化释放大量的气体使门扇胀破而失去防火作用,如图 1-22 所示。

安全门:亦称太平门,指便于人们在紧急情况下,能及时疏散的门,一般向外开启,并直接通向室外,如图 1-23 所示。

保温门:门扇采用双面钉木拼板,内充玻璃棉毡,在玻璃棉毡和木板之间铺一层 200 号油纸,以防潮气进入棉毡影响保温效果,在门扇下部、下冒头上底面安装橡皮条或设门槛密封,以减少室外气候的影响,以保持室内恒温。

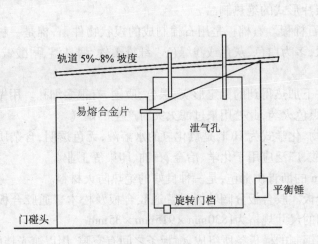

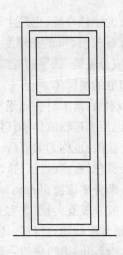

图1-22　防火门　　　　　　　　　　　图1-23　安全门

隔声门:隔声效果与门扇的材料和门缝的密闭有关,常采用多层复合结构,在两层面板之间填吸声材料。如图1-24所示。

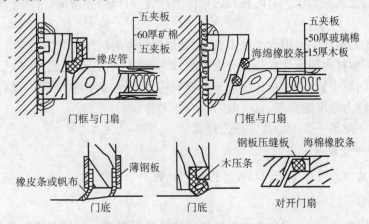

图1-24　保温门、隔声门门缝处理

变电室门:用在变电室外的门,具有特殊的质量要求。

折叠门:一种便于开启关闭,可折叠的门,可充分节约空间。

自由门:亦称弹簧门,指开启后,以弹簧做自动关闭机构,并有单面弹簧、双面弹簧和地弹簧之分。一般单面弹簧多用于单扇门,双面弹簧和地弹簧多用于两扇门的公共建筑,如图1-25所示。

(二)项目特征

聚苯乙烯泡沫板:指用聚苯乙烯泡沫制成的板。聚苯乙烯是由苯乙烯单体经聚合而成,它是合成树脂中最轻的树脂之一,具有高的绝热性能,可做成透明和不透明制品。它的缺点是性脆,最主要的制品是聚苯乙烯泡沫塑料,供做复合板材的芯材以获得

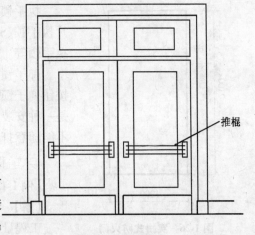

图1-25　弹簧门

良好的绝热性能,也是生产块体和板片形式的绝热制品。

石棉板5mm:指厚度为5mm的石棉板。石棉板是用石棉制成的板状物件,石棉是一种矿物,成分是镁、铁等的硅酸盐,纤维状,多为白色、灰色或浅绿色。纤维柔软、耐高温、耐酸碱,是热和电的绝缘体。

木炭:指木材在隔绝空气的条件下加热得到的无定形炭,黑色、质硬、有很多细孔。用做燃料,也用来过滤液体和气体,还可做黑色火药,此处用来过滤火灾时产生的烟气。

盐酸:也称为氢氯酸,无机化合物,化学式为HCl,是氯化氢的水溶液,无色透明,含杂质时为淡黄色,有刺激性气味,是一种强酸,广泛应用于化学、冶金、石油、印染等工业。

沥青矿棉毡50mm:厚度为50mm的沥青矿棉毡,是一种良好的绝热防火材料。

胶合板五夹:层数为五夹的胶合板。胶合板分阔叶树材普通胶合板及松木普通胶合板两类,是常用的建筑材料。胶合板常用的尺寸规格为1830mm×915mm×35mm。

钢百叶:指门扇的一部分由许多钢制的横板条所组成,横板条之间有空隙,用以遮光挡雨,但可以通风透气。

帆布水龙带:用在折叠门中,起控制门扇放松或紧系的作用,强度高,是一种软质可以卷起来的水管,能承受较高的水压。有时在其内壁涂上橡胶,可以防止渗漏,常用于消防、灌溉和施工。

木柴:一种做燃料或引火用的小块木头,此处用在门框的制作安装中。

木材含水率:木材内部所含水分可分为两种,即吸附水(存在于细胞壁内)与自由水(存在于细胞腔与细胞间隙中)。当木材中细胞壁内被吸附水充满,而细胞间隙中没有自由水时,该木材的含水率被称为纤维饱和点,它一般为20% ~35% 。

其余参见第一章第一节项目特征相关释义。

(三)工程量计算规则

按设计图示数量或设计图示洞口尺寸以面积计算。

(四)工程内容

门扇铝合金踢脚板:指以铝合金为材料制成的门扇踢脚板。门扇踢脚板指门扇下部的铝合金板,用来保护门扇或门角。

半圆木螺钉:指螺钉采用木质,而且上端为半圆形状,用来铆钉铝合金踢脚板。

执手锁:指安装在门扇上的一种锁,有 W 型叶片锁、S 型叶片执手锁、S 型单头执手锁、丁型单头执手锁、丁型单头无旋钮执手锁等。

弹子锁:指撞锁,有单舌普通弹子锁、双舌普通弹子锁、单舌按钮弹子锁、单舌按钮企口弹子锁、双舌企口弹子锁等类型。锁是一种安装在门、箱子、抽屉等的开合处或铁链的环孔中,使人不能随意打开的金属器具。

二、工程量计算实例

【例1-13】 求如图1-26所示防火门(双面石棉板)工程量。

【解】 (1)定额工程量

工程量 =2.10 ×1.20 =2.52m²

套用基础定额7 -157。

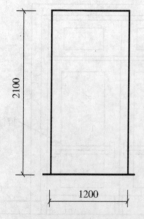

图 1-26　实拼式防火门
(双面石棉板,图示尺寸为洞口尺寸)

注:厂库房大门、特种门的定额不包括固定铁件混凝土垫块及门窗或梁柱内的预埋铁件,其工程量另计算。

(2)清单工程量

清单工程量计算同定额工程量。

清单工程量计算见表1-11。

表1-11 清单工程量计算表

项目编码	项目名称	项目特征描述	计量单位	工程量
010501004001	特种门	1. 防火门(双面石棉板) 2. 尺寸 2100mm×1200mm	m²	2.52

第五节 围墙铁丝门

项目编码 010501005

项目名称 围墙铁丝门

项目特征 **1. 开启方式**;**2. 有框、无框**;**3. 含门扇数**;**4. 材料品种、规格**;**5. 五金种类、规格**;**6. 防护材料种类**;**7. 油漆品种、刷漆遍数**

计量单位 樘/m²

工程量计算规则 **按设计图示数量或设计图示洞口尺寸以面积计算**

工程内容 **1. 门(骨架)制作、运输**;**2. 门、五金配件安装**;**3. 刷防护材料、油漆**

【释义】

一、名词解释和基本知识

(一)项目名称

围墙铁丝门:指用在围墙、大院中的钢框制大门,有钢管框铁丝网钢大门与角钢框铁丝网钢大门两种。前者指大门的门框采用钢管铸造,门扇用铁丝网制成;后者指门的门框用角钢铸造,门扇用铁丝镶入其中而成。

(二)项目特征

焊接钢管:采用焊接技术铸成的钢管,用在钢大门四周做门框。

镀锌铁丝网:采用镀锌的铁丝制成的网状物件,在门扇中嵌入,防止行人随意进入围墙内,镀锌铁丝要分布紧凑而均匀。

(三)工程量计算规则

按设计图示数量或设计图示洞口尺寸以面积计算。

(四)工程内容

钢骨架同第一章第三节项目特征相关释义。

五金同第一章第一节项目特征相关释义。

二、工程量计算实例

【例1-14】 求尺寸为3.0m×2.0m 的围墙铁丝门工程量(共10 樘)。

【解】 (1)定额工程量

工程量 $=3.0 \times 2.0 \times 10 = 60.00 \text{m}^2$

套用基础定额 7 – 158。

(2)清单工程量

清单工程量计算同定额工程量。

清单工程量计算见表 1-12。

表 1-12　清单工程量计算表

项目编码	项目名称	项目特征描述	计量单位	工程量
010501005001	围墙铁丝门	尺寸为3.0m×2.0m	m^2	60.00

第二章　木屋架

A.5.2　木屋架。工程量清单项目设置及工程量计算规则，应按表 A.5.2的规定执行。

【释义】　木屋架是三角形(配式)，由上弦、斜杆、下弦和竖杆等杆材组成。屋架由圆钢做成，斜杆和竖杆一般用木材做成，木屋架的下弦用木材做成，如图 2-1 所示。

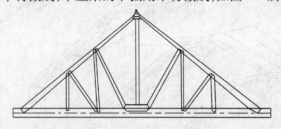

图 2-1　木屋架

木立人者：指在木屋架制作安装时，将屋架上弦木做人字立起来制作和安装。

人字屋架：指坡屋顶建筑中所采用的桁架，其纵剖面多呈"人"字形，因而称为人字屋架，如图 2-2 所示。

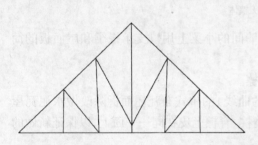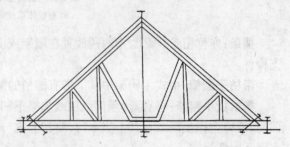

图 2-2　圆木普通人字屋架

第一节　木屋架

项目编码　010502001

项目名称　木屋架

项目特征　1.跨度;2.安装高度;3.材料品种、规格;4.刨光要求;5.防护材料种类;6.油漆品种、刷漆遍数

计量单位　榀

工程量计算规则　按设计图示数量计算

工程内容　1.制作、运输;2.安装;3.刷防护材料、油漆

【释义】

一、名词解释和基本知识

(一)项目名称

有檩体系:指在屋架上弦(或屋面梁上翼缘)搁置檩条,在檩条上铺小型屋面板(或瓦材),如图2-3a所示。

无檩体系:指在屋架上弦(或屋面梁上翼缘)直接铺设大型屋面板,如图2-3b所示。

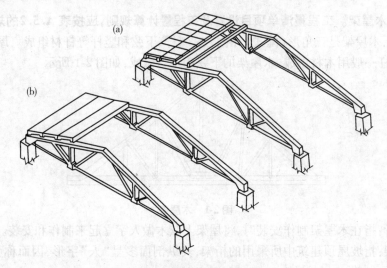

图2-3　屋面基层结构类型
(a)有檩体系;(b)无檩体系

檩条:亦称桁条、檩子,指两端放置在屋架或山墙间的小梁上用以支承椽子和屋面板的简支构件。

带枋子圆檩:中式木构架中其下带有檩枋的圆檩。

檩木找平整修:将有囊(屋面纵剖线呈略下凹的曲线)的中式布瓦屋面拆除改做水泥瓦屋面时,需将全檩垫高或在其上垫木枋,使其上皮与檐檩、脊檩上皮在同一平面上,以保证新做的水泥瓦屋面平顺。

穿附木檩:在原檩的下方附加一檩以辅助原檩受力称附檩,在原檩一侧或两侧附加新檩以替代原檩受力称穿檩,亦写做串檩。

吊木附檩:将一长度为原檩1/2,截面不小于原檩的方木或圆木附在原檩下面,并用铁件将其与原檩吊绑在一起,以提高檩木的荷载能力。

木结构是由木材或主要由木材承受荷载的结构,除用于房屋结构外,还用于桥梁、桅杆、塔架等结构中。我国古代木结构的主要特点是先在台基上用木材立柱,然后上梁做成构架,再在顶上盖瓦,四面砌筑,安设门窗。承重部分主要是依赖木柱和木梁的木结构。木结构具有以下主要特点:便于施工和安装;施工不受季节限制,可常年施工,冬季施工不增加工程费用;木材是各向异性的材料,同一根木料在各个方向的强度不相同;木材是天然材料,在生产中具有疵病,主要是木节、斜纹、裂缝等;木材易燃烧、易腐朽且结构变形较大。

圆木木屋架与方木木屋架分别是普通木屋架的两种类型。圆木木屋架是采用圆木为材料制成的屋架,方木木屋架是采用方木为下弦制成的屋架。其中,圆木要通过下弦截面中心,方木通过齿槽下弦截面中心。

（二）项目特征

屋架的跨度：指屋架两端上、下弦中心线交点之间的水平长度，习惯的叫法为××m跨屋架。

圆木：指横截面为圆形的木材。

钢拉杆：指安装在机械或建筑物上起牵引作用的杆形构件，构件是用钢材制成的。

钢垫板夹板：指用钢材制成的多夹层垫板，用来支、铺或衬，使加高、平正、加厚或起隔离作用。

铸铁垫板三角形：指用铸铁制成的三角形垫板，起铺衬作用。铸铁是用铁矿石炼成的铁，含铁量在1.7%~4.5%，并含有磷、硫、硅等杂质，质脆，不能锻压。铸铁是炼钢和铸造器物的原料，也叫生铁、铣铁。

扒钉：一种用来连接木构件的两端为直角的铁钉，连接牢固，可锤击进行。

预制混凝土块：是相对于现浇混凝土而言的，指预先已经硬化凝结好的混凝土。主要原料有水、水泥、砂、石。

大刀头（亦称勾头板）：指山墙博风板两端的刀形板，其工程量包括在博风板内，不单独计算。

封檐盒：指檐口天棚、檐头平顶。

天棚楞木：指天棚的木基层，又称平顶筋或平顶龙骨，分主楞木和次楞木，也有单层楞木、圆楞木、方楞木。有的吊在屋架下弦上，有的搁在砖墙上，有的吊在混凝土板下。主次楞木的断面和间距，根据不同的天棚面层材料设置。当前已发展到铝合金龙骨、轻钢龙骨等。

山墙挑檐木：指砌砖山墙到顶天屋架为安设封檐盒和搁置檐口楞木而安设的挑檐木。

望板：又称屋面板，指铺钉在檩条或屋面椽子上面的木板，如图2-4所示。

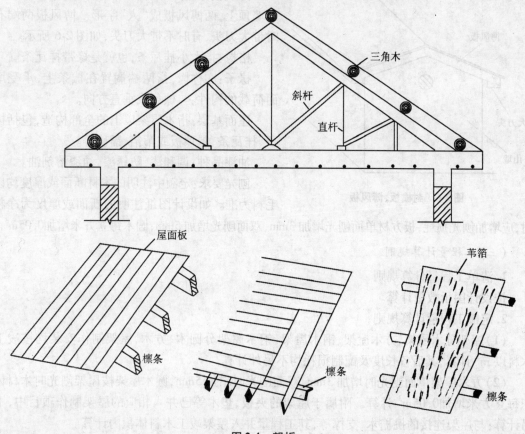

图2-4 望板

托木：亦称三角木、爬山虎、檩托，指托住檩条防止其下滑移动的楔形构件，其工程量合并在檩条内，不单独计算。

封檐板：指宽度大于300mm，背面穿木带；宽度小于300mm，背面刻槽两道，以防扭翘的板。封檐板的接头应做成楔形企口榫，下端留出300mm，以免露榫，如图2-5所示。

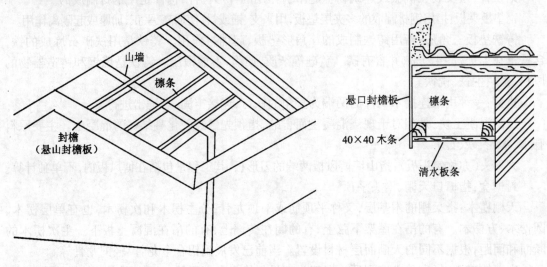

图2-5　封檐板

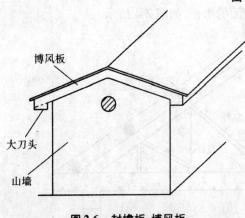

图2-6　封檐板、博风板

博风板：又称顺风板，是山墙的封檐板。用在山墙顶上，两博风板成"人"字形。博风板两端有时带大刀头，有时不带大刀头，如图2-6所示。

格椽：指大小挂瓦条，也就是椽带挂瓦条。

椽子：亦称椽，指两端搁置在檩条上，承受屋面荷载的构件，与檩条成垂直方向。

屋面基层：指木屋架以上的全部构造，包括椽子、挂瓦条、屋顶板或苇箔、铺毡等。

油漆品种：调和漆、防锈漆、油漆溶剂油。

刨光要求：定额中注明的木材断面或厚度均以毛料为准。如设计图纸注明的断面或厚度为净料时，应增加刨光损耗，板方材单面刨光增加3mm，双面刨光增加5mm；圆木每立方米增加0.05m³。

（三）工程量计算规则

1.清单工程量计算规则

按设计图示数量计算。

2.定额工程量计算规则

（1）屋架分木屋架、方木屋架、钢木屋架，钢木屋架分圆木、方木，屋架制作安装均按竣工木料以m³计算，其后备长度及配制损耗均不另外计算。

（2）方木屋架单面刨光时增加3mm，双面刨光时增加5mm，圆木屋架按屋架刨光时木材体积每立方米增加0.05m³计算。附属于屋架的夹板、垫木等已并入相应的屋架制作项目中，不另计算；与屋架连接的挑檐木、支撑等，其工程量并入屋架竣工木料体积内计算。

（3）屋架的制作安装应区别不同跨度，其跨度应以屋架上下弦杆的中心线交点之间的长度为准。带气楼的屋架并入所依附屋架的体积内计算。

（4）屋架的马尾、折角和正交部分半屋架,应并入相连接屋架的体积内计算。

（5）钢木屋架区分圆、方木,按竣工木料以 m³ 计算。

为简化工程量计算,可参考下式折合成主屋架榀数计算:

$$\frac{马尾（折角、正交）部分}{折合主屋架榀数} = \frac{马尾（折角、正交）部分投影面积}{每榀主屋架负重投影面积}$$

木屋架各部位示意图如图 2-7 所示。

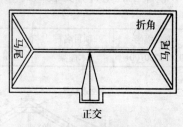

图 2-7 木屋架各部位示意图

（四）工程内容

建筑工程中常用的油漆同第一章第一节工程内容相关释义。

二、工程量计算实例

【例 2-1】 求如图 2-8 所示 6m 跨度圆木普通人字屋架工程量,其中上弦和下弦的检尺径为 14cm,斜撑的检尺径为 11cm。

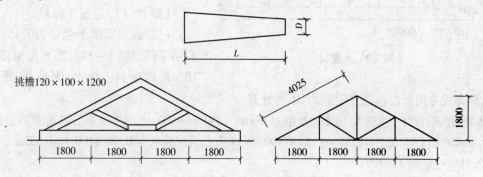

图 2-8 6m 跨度圆木普通屋架

【解】 （1）定额工程量

先了解圆木（图 2-8）体积公式:

$$V = 0.7854L(D + 0.45L + 0.20)^2/10000$$

检尺径（D）为 4～12cm 时:

$$V = 0.7854L[(D + 0.50L + 0.005L^2 + 0.000125L(14-L)^2 \times (D-10)]^2/10000$$

该公式适用于检尺径（D）大于 14cm 时。

式中 D 的单位取 cm,L 的单位取 m。

本例工程量计算如下。

上弦工程量:$2 \times 0.7854 \times 4.025 \times [14 + 0.50 \times 4.025 + 0.005 \times 4.025^2 + 0.000125 \times 4.025 \times (14 - 4.025)^2 \times (14-10)]^2/10000$

$\qquad = 0.168\text{m}^3$

下弦工程量:$0.7854 \times 7.2 \times [14 + 0.50 \times 7.2 + 0.005 \times 7.2^2 + 0.000125 \times 7.2 \times (14 - 7.2)^2 \times (14-10)]^2/10000$

$\qquad = 0.184\text{m}^3$

斜撑工程量:$2 \times 0.7854 \times 2.012 \times (11 + 0.45 \times 2.012 + 0.20)^2/10000 = 0.046\text{m}^3$

方挑檐木折合成圆木工程量:$0.12 \times 0.10 \times 1.2 \times 2 \times 1.7 = 0.049\text{m}^3$

式中1.7为方木折合圆木的系数。

竣工木料工程量:$0.168 + 0.184 + 0.046 + 0.049 = 0.447 \text{m}^3$

套用基础定额7－327。

（2）清单工程量

工程量 = 1榀

清单工程量计算见表2-1。

表2-1　清单工程量计算表

项目编码	项目名称	项目特征描述	计量单位	工程量
010502001001	木屋架	6m 的跨度	榀	1

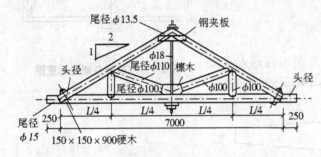

图 2-9　木屋架

【例 2-2】　如图 2-9 所示木屋架为甲类形式,坡度为五分水,杆件需刨光,试计算该屋架工程量[屋架杆件不刨光时,屋架(不包括挑檐木)工程量为 0.458m³],并套用定额子目。

【解】　（1）定额工程量

已知该木屋架工程量为0.458m³,套用基础定额7－327,圆木屋架,跨度 10m 以内项目。垫木、钢拉杆、螺栓、螺母、钢夹板等用量已包括在定额内,不另计算。

木屋架两端各有一挑檐木(方木),规格为 150mm × 150mm × 900mm,且木屋架需刨光,则木屋架工程量为:$0.458 \times (1 + 0.05) + 0.155 \times 0.155 \times 0.90 \times 2 \times 1.7$(折合成圆木) $= 0.481 + 0.074 = 0.555 \text{m}^3$。

套用基础定额7－327。

（2）清单工程量

工程量 = 1榀

清单工程量计算见表2-2。

表2-2　清单工程量计算表

项目编码	项目名称	项目特征描述	计量单位	工程量
010502001001	木屋架	1. 跨度7m 2. 杆件需刨光	榀	1

【例 2-3】　普通方木屋架(图 2-10)工程量按竣工木料以 m³ 计算。其后备长度及配制损耗已包括在定额内,不另计算。附属于屋架的夹板、垫木等,已并入相应的屋架制作项目中,不另计算;与屋架连接的挑檐木支撑等,其工程量并入屋架竣工木料体积内计算。计算其工程量。

【解】　（1）定额工程量

各类杆件长度 = $L \times$ 长度系数,长度系数可参考木屋架长度系数表(表2-3)。

表2-3　木屋架长度系数表

跨度	$1/2(L=1)$						
杆件	1	2	3	4	5	6	7
系数	1	0.559	0.250	0.236	0.167	0.186	0.083

注:L 为屋架的跨度。

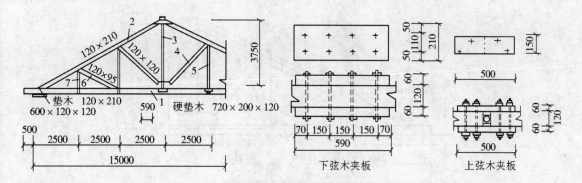

图 2-10　普通方木屋架

上弦:$0.12 \times 0.21 \times 15 \times 0.559 \times 2 = 0.423 \text{m}^3$

下弦:$0.12 \times 0.21 \times 15 \times 1 = 0.378 \text{m}^3$

斜腹杆 4:$0.12 \times 0.12 \times 15 \times 0.236 \times 2 = 0.102 \text{m}^3$

斜腹杆 6:$0.12 \times 0.095 \times 15 \times 0.186 \times 2 = 0.064 \text{m}^3$

下端弦中心硬垫木:$0.72 \times 0.2 \times 0.12 = 0.017 \text{m}^3$

梁端垫木:$0.6 \times 0.12 \times 0.12 \times 2 = 0.017 \text{m}^3$

下弦木夹板:$0.59 \times 0.06 \times 0.21 \times 2 = 0.015 \text{m}^3$

上弦木夹板:$0.5 \times 0.15 \times 0.06 \times 2 = 0.009 \text{m}^3$

竣工木料合计:$0.423 + 0.378 + 0.102 + 0.064 + 0.017 + 0.017 + 0.015 + 0.009 = 1.03 \text{m}^3$

套用基础定额 7 – 329。

(2)清单工程量

工程量 = 1 榀

清单工程量计算见表 2-4。

表 2-4　清单工程量计算表

项目编码	项目名称	项目特征描述	计量单位	工程量
010502001001	木屋架	15m 跨度	榀	1

【例 2-4】　求如图 2-11 所示 15m 跨度方木屋架工程量。

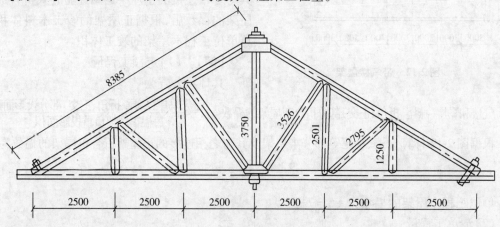

图 2-11　15m 跨度方木屋架

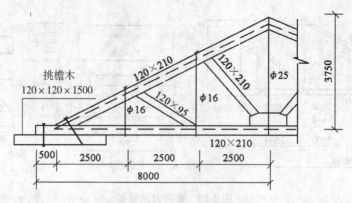

图 2-11　15m 跨度方木屋架（续）

【解】　（1）定额工程量

上弦工程量：$8.385 \times 0.12 \times 0.21 \times 2 = 0.423 \mathrm{m}^3$

下弦工程量：$(15 + 0.5 \times 2) \times 0.12 \times 0.21 = 0.403 \mathrm{m}^3$

斜撑工程量：$3.526 \times 0.12 \times 0.12 \times 2 = 0.102 \mathrm{m}^3$

斜撑工程量：$2.795 \times 0.12 \times 0.095 \times 2 = 0.064 \mathrm{m}^3$

挑檐木工程量：$0.12 \times 0.12 \times 1.5 \times 2 = 0.043 \mathrm{m}^3$

方木竣工木料工程量合计：$0.423 + 0.403 + 0.102 + 0.064 + 0.043 = 1.04 \mathrm{m}^3$

套用基础定额 7 - 330。

（2）清单工程量

工程量 = 1 榀

清单工程量计算见表 2-5。

表 2-5　清单工程量计算表

项目编码	项目名称	项目特征描述	计量单位	工程量
010502001001	木屋架	15m 的跨度	榀	1

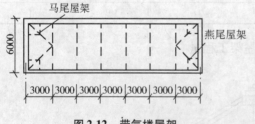

图 2-12　带气楼屋架

【例 2-5】　带气楼屋架的气楼部分和马尾、燕尾、折角、正交部分的半屋架（图 2-12）及其与之相连接的正屋架运用经验公式折合成正屋架的榀数后，根据正屋架的竣工木料体积计算单位工程木屋架的竣工体积。

【解】　（1）定额工程量

其计算公式为：

$$气楼和马尾（燕尾、折角、正交）部分折合正屋架的榀数 = \frac{气楼、马尾（燕尾、折角、正交）部分投影面积}{每榀正屋架负重投影面积}$$

根据图 2-12 计算气楼、马尾等部分半屋架及其与之相连接的正屋架折合正屋架的榀数为：

$$\frac{6 \times 3 \times 2}{6 \times 3} = 2 \text{ 榀}$$

单位工程主屋架的榀数：2 + 5 = 7 榀

（2）清单工程量

清单工程量计算同定额工程量。

清单工程量计算见表2-6。

表2-6 清单工程量计算表

项目编码	项目名称	项目特征描述	计量单位	工程量
010502001001	木屋架	21m 的跨度木屋架	榀	7

【例2-6】 求如图2-13 所示单面坡屋面(钉屋面板油毡挂瓦条)工程量。

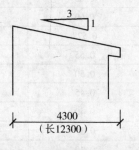

图2-13 单面坡屋面示意图

【解】 屋面板制作工程量:$4.3 \times 12.3 \times \sqrt{3^2 + 1^2}/3$

$$= 55.75 \text{m}^2$$

套用基础定额 7 – 341。

钉屋面板油毡挂瓦条工程量:$4.3 \times 12.3 \times \sqrt{3^2 + 1^2}/3$

$$= 55.75 \text{m}^2$$

套用基础定额 7 – 345。

【例2-7】 木基层是指檩木以上,瓦以下的结构层,完整的木基层包括椽子、塑板、油毡、顺水条和挂瓦条等,如图2-14b 所示。工程量按屋面(图2-14a)的斜面积计算,求其工程量。

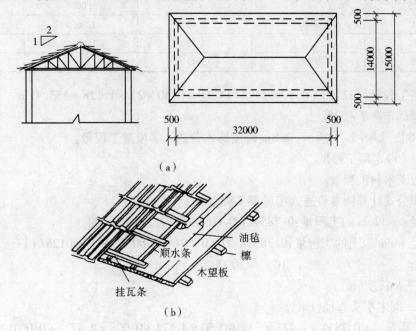

(a)

(b)

图2-14 木基屋
(a)屋面;(b)斜面

【解】 根据上述条件,查表2-7,$c = 1.118$。

表2-7 屋面坡度系数表

坡度 B(A=1)	坡度 B/2A	坡度 角度(α)	延尺系数 c (A=1)	隔延尺系数 D (A=1)
1	1/2	45°	1.4142	1.7321
0.75		36°52′	1.2500	1.6008
0.70		35°	1.2207	1.5779
0.666	1/3	33°40′	1.2015	1.5620

（续表）

坡度 $B(A=1)$	坡度 $B/2A$	坡度 角度(α)	延尺系数 c ($A=1$)	隅延尺系数 D ($A=1$)
0.65		33°01′	1.1926	1.5564
0.60		30°58′	1.1662	1.5362
0.577		30°	1.1547	1.5270
0.55		28°49′	1.1413	1.5170
0.50	1/4	26°34′	1.1180	1.5000
0.45		24°14′	1.0966	1.4839
0.40	1/5	21°48′	1.0770	1.4697
0.35		19°17′	1.0594	1.4569
0.30		16°42′	1.0440	1.4457
0.25		14°02′	1.0308	1.4362
0.20	1/10	11°19′	1.0198	1.4283
0.15		8°32′	1.0112	1.4221
0.125		7°8′	1.0078	1.4191
0.100	1/20	5°42′	1.0050	1.4177
0.083		4°45′	1.0035	1.4166
0.066	1/30	3°49′	1.0022	1.4157

木基层工程量：$(32.00+0.50\times2)\times(14.00+0.50\times2)\times1.118=553.41\text{m}^2$

套用基础定额 7-345。

【例2-8】 如图 2-15 所示，求 8m 跨度圆木普通人字屋架工程量。

【解】 （1）定额工程量

计算竣工木料工程量。

用材积公式计算圆木普通人字屋架工程量，圆木体积如下。

检尺径 4~12cm 的工程量：$0.7854L(D+0.45L+0.20)^2/10000$

检尺径 14cm 以上的工程量：$0.7854L[D+0.50L+0.005L^2+0.000125L(14-L)^2\times(D-$
$$10)]^2/10000$$

式中　L——R 长度(m)；

　　　D——圆木小头直径(cm)。

上弦工程量：$2\times0.7854\times4.472\times[14+0.50\times4.472+0.005\times4.472^2+0.000125\times4.472\times$
$$(14-4.472)^2\times(14-10)]^2/10000$$
$$=0.192\text{m}^3$$

下弦工程量：$0.7854\times8.8\times[14+0.50\times8.8+0.005\times8.8^2+0.000125\times8.8\times(14-$
$$8.8)^2\times(14-10)]^2/10000$$
$$=0.247\text{m}^3$$

斜撑工程量：$2\times0.7854\times2.236\times(10+0.45\times2.236+0.20)^2/10000=0.044\text{m}^3$

方挑檐木：$0.12\times0.10\times1.2\times2=0.029\text{m}^3$

竣工木料工程量合计：$0.192+0.247+0.044+0.029\times1.70=0.53\text{m}^3$

其中，1.70 为方木折合圆木的系数。

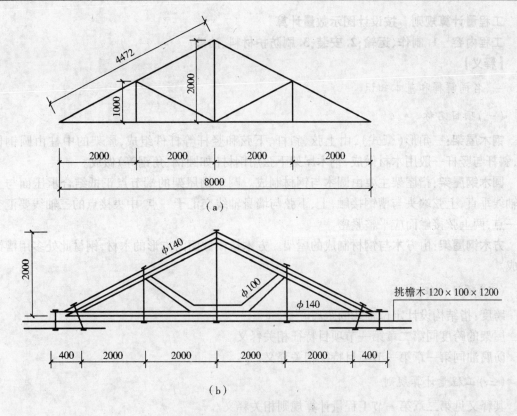

图 2-15　8m 跨度圆木普通人字屋架

（a）屋架立面示意图；（b）屋架立面详图

套用基础定额 7－237。

（2）清单工程量

工程量 = 1 榀

清单工程量计算见表 2-8。

表 2-8　清单工程量计算表

项目编码	项目名称	项目特征描述	计量单位	工程量
010502001001	木屋架	1. 跨度 8m 2. 圆木普通人字屋架	榀	1

第二节　钢木屋架

项目编码　**010502002**

项目名称　**钢木屋架**

项目特征　**1.** 跨度；**2.** 安装高度；**3.** 材料品种、规格；**4.** 刨光要求；**5.** 防护材料种类；**6.** 油漆品种、刷漆遍数

计量单位　**榀**

工程量计算规则　按设计图示数量计算

工程内容　1. 制作、运输;2. 安装;3. 刷防护材料、油漆

【释义】

一、名词解释和基本知识

（一）项目名称

钢木屋架: 三角形（豪式），由上弦、斜杆、下弦和竖杆等杆件组成，屋架的中柱由圆钢做成，斜杆与竖杆一般用木材做成，钢木屋架下弦用钢材（如圆钢、角钢等）做成。

圆木钢屋架: 指屋架主要由圆木与钢材制成。圆木钢屋架的端节点正抵结合承压面与上弦轴线垂直，上弦端头与槽钢接触，上、下弦与墙身轴线交汇于一点，中央接点的三轴线要汇交于一点，两上弦接触面应平整紧密。

方木钢屋架: 由方木与钢材制成的屋架。方木指横截面为方形的木材，钢材此处多用槽钢制成。

（二）项目特征

跨度:指结构设计定位轴线的距离。

屋架的跨度同第二章第一节项目特征相关释义。

防腐油同第一章第一节项目特征相关释义。

（三）工程量计算规则

其释义见第二章第一节工程量计算规则相关释义。

（四）工程内容

建筑工程中常用的油漆同第一章第一节工程内容相关释义。

二、工程量计算实例

【例2-9】　求如图2-16所示方木钢屋架工程量。

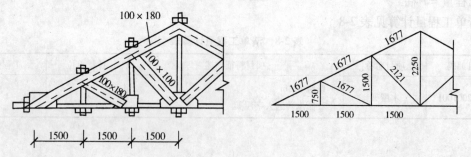

图2-16　6m跨度方木钢屋架

【解】　（1）定额工程量

上弦工程量:$1.677 \times 3 \times 0.1 \times 0.18 \times 2 = 0.181\text{m}^3$

斜撑工程量:$1.677 \times 0.1 \times 0.08 \times 2 + 2.121 \times 0.1 \times 0.1 \times 2 = 0.0268 + 0.0424 = 0.069\text{m}^3$

竣工木料工程量合计:$0.181 + 0.069 = 0.25\text{m}^3$

套用基础定额7－334。

（2）清单工程量

工程量 =1 榀

清单工程量计算见表 2-9。

表 2-9 清单工程量计算表

项目编码	项目名称	项目特征描述	计量单位	工程量
010502002001	钢木屋架	9m 跨度的方木钢屋架	榀	1

第三章　木构件

A.5.3　木构件。工程量清单项目设置及工程量计算规则,应按表 A.5.3的规定执行。

【释义】　构件:指门、窗、梁、柱、板、大型板材等。

木构件:指木材制作的门、窗、梁、柱、板、大型板材等。

第一节　木　柱

项目编码　**010503001**

项目名称　**木柱**

项目特征　**1.构件高度、长度;2.构件截面;3.木材种类;4.刨光要求;5.防护材料种类;6.油漆品种、刷漆遍数**

计量单位　**m³**

工程量计算规则　**按设计图示尺寸以体积计算**

工程内容　**1.制作;2.运输;3.安装;4.刷防护材料、油漆**

【释义】

一、名词解释和基本知识

(一)项目名称

木柱:指用来承受主要荷载的木柱子,有圆木柱与方木柱两种,分别指截面为圆形或方形的柱子。

(二)项目特征

1.木材

木材种类:木材分针叶树材和阔叶树材两大类。

(1)针叶树树干通直而高大,易得大材,纹理平顺,材质均匀,木质较软而易于加工,故又称软木材。表观密度和胀缩变形较小,耐腐性较强。为建筑工程中主要用材,广泛用做承重构件。常用树种有松、杉、柏等。

(2)阔叶树树干通直部分一般较短,材质较硬,较难加工,故又名硬木材。一般较重,强度较大,胀缩、翘曲变形较大,较易开裂。建筑上常用做尺寸较小的构件。有些树种具有美丽的纹理,适于做内部装修、家具及胶合板等。常用树种有榆木、水曲柳、柞木等。

为了合理用材,按加工程度和用途的不同,木材可分为原木、杉原条、板方材等。

(1)原木:指伐倒后,经修枝并截成规定长度的木材。

(2)杉原条:指只经修枝、剥皮,没有加工造材的杉木。

(3)板方材:指按一定尺寸锯解、加工成的板材和方材。板材指截面宽度为厚度3倍以上者;方材指截面宽度不足厚度 3 倍者。

2.毛料

毛料:指原木经过加工而没有刨光的各种规格的锯材。

毛料包含两种情况,一是原木结构的毛料,这种毛料是指树木经砍伐后去其枝丫,按照设计的长度尺寸,直接用于工程;二是板方材的毛料,这种毛料是指树木经砍伐后按照设计的断面尺寸经加工改体后,直接用于工程。

3.断面

断面:指材料的横截面,即按材料长度垂直方向剖切而得的截面。

刨光损耗:指经过刨光而损耗的木料。

木材的净料:指毛料木材经过刨光后用于工程的锯材。

(三)工程量计算规则

按设计图示尺寸以体积计算。

(四)工程内容

建筑工程中常用的油漆同第一章第一节工程内容相关释义。

二、工程量计算实例

【例 3-1】　如图 3-1 所示,求该圆木柱的工程量。

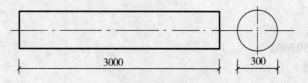

图 3-1　圆木柱

【解】　(1)定额工程量

工程量 $= \dfrac{\pi}{4} \times 0.3^2 \times 3.0 = 0.21 \mathrm{m}^3$

套用基础定额 7 - 351。

(2)清单工程量

清单工程量计算同定额工程量。

清单工程量计算见表 3-1。

表 3-1　清单工程量计算表

项目编码	项目名称	项目特征描述	计量单位	工程量
010503001001	木柱	1. 高 3m,φ300 2. 圆形截面	m³	0.21

【例 3-2】　如图 3-2 所示,求该圆木柱的工程量。

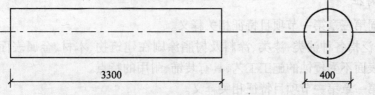

图 3-2　圆木柱

【解】 （1）定额工程量

工程量 $= \dfrac{\pi}{4} \times 0.4^2 \times 3.3 = 0.41\text{m}^3$

套用基础定额 7 – 351。

注：定额中所注明的木材断面或厚度均以毛料为准，若设计图所注明的断面或厚度为净料时，圆木每立方米增加 0.05m^3。

（2）清单工程量

清单工程量计算同定额工程量。

清单工程量计算见表 3-2。

表 3-2　清单工程量计算表

项目编码	项目名称	项目特征描述	计量单位	工程量
010503001001	木柱	1. 3300mm 高圆木柱 2. φ400	m³	0.41

第二节　木　梁

项目编码　010503002

项目名称　木梁

项目特征　1. 构件高度、长度；2. 构件截面；3. 木材种类；4. 刨光要求；5. 防护材料种类；6. 油漆品种、刷漆遍数

计量单位　m³

工程量计算规则　按设计图示尺寸以体积计算

工程内容　1. 制作；2. 运输；3. 安装；4. 刷防护材料、油漆

【释义】

一、名词解释和基本知识

（一）项目名称

木梁：按截面形式区分有圆木梁和方木梁，圆木梁分直径在 24cm 内、外，方木梁分周长在 1m 内、外。

木结构：指用方木、圆木或木板等组成的结构，一般用榫接、螺栓接、销联接、键联接、胶结合等连接方法。具有加工简便，自重轻等特点，但耐火能力差。

（二）项目特征

木材种类同第三章第一节项目特征相关释义。

油漆工程：泛指各种油类、漆类、涂料及树脂涂刷在建筑物、木材、金属表面，以保护建筑物、木材、金属表面不受侵蚀的施工工艺，具有装饰、耐用的特点。

防腐油同第一章第一节项目特征相关释义。

清油：亦称熟油、凡立水，以精制亚麻仁油、软制干性油熬炼并加入适量催干剂等材料制成,一般用于木材面油漆的底漆。

调和漆:是人造漆的一种。由干性漆和颜料组成的,称为油性调和漆;由清漆和颜料组成的,称为磁性调和漆,多用于木材面和金属面涂刷。

建筑工程中常用的油漆同第一章第一节项目特征相关释义。

(三)工程量计算规则

按设计图示尺寸以体积计算。

(四)工程内容

建筑工程中常用的油漆同第一章第一节工程内容相关释义。

二、工程量计算实例

【例3-3】 如图3-3所示,求该方木梁工程量。

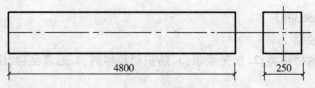

图3-3 方木梁

【解】 (1)定额工程量

工程量 $= 0.25 \times 0.25 \times 4.8 = 0.30\text{m}^3$

套用基础定额7-355。

(2)清单工程量

清单工程量计算同定额工程量。

清单工程量计算见表3-3。

表3-3 清单工程量计算表

项目编码	项目名称	项目特征描述	计量单位	工程量
010503002001	木梁	1. 长4800mm 2. 边长为250mm的正方形木梁	m^3	0.30

【例3-4】 如图3-4所示,求该圆木梁工程量。

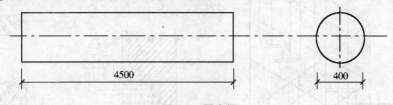

图3-4 圆木梁

【解】 (1)定额工程量

工程量 $= \dfrac{\pi}{4} \times 0.4^2 \times 4.5 = 0.57\text{m}^3$

套用基础定额7-354。

注:定额所注明的木材断面或厚度均以毛料为准,如设计图纸所注明的断面或厚度为净料时,应增加刨光损耗,圆木每立方米增加0.05m³。

(2)清单工程量

清单工程量计算同定额工程量。

清单工程量计算见表3-4。

表3-4　清单工程量计算表

项目编码	项目名称	项目特征描述	计量单位	工程量
010503002001	木梁	1. 长4.5m,圆木梁 2. φ400	m³	0.57

第三节　木楼梯

项目编码　**010503003**

项目名称　**木楼梯**

项目特征　**1. 木材种类;2. 刨光要求;3. 防护材料种类;4. 油漆品种、刷漆遍数**

计量单位　**m²**

工程量计算规则　**按设计图示尺寸以水平投影面积计算,不扣除宽度小于300mm的楼梯井,伸入墙内部分不计算**

工程内容　**1. 制作;2. 运输;3. 安装;4. 刷防护材料、油漆**

【释义】

一、名词解释和基本知识

(一)项目名称

楼梯:楼房建筑的垂直交通设施,供人们上下楼层和紧急疏散之用,故要求楼梯具有足够的通行能力以及防火、防滑的要求。

木扶手:上下楼时,作依扶用的木制结构,如图3-5所示。

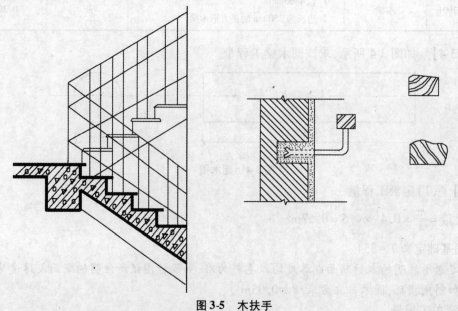

图3-5　木扶手

木楼梯:采用木料制成,材质均匀纹理顺直,颜色一致的楼梯。木楼梯的安装必须做到坚固,不得有松动或响声,栏杆应平整、垂直。

木装修:指室内具有不同建筑功能并兼有装饰作用的各种木制品,如木制窗及门窗框、门窗贴脸板、窗台板、窗帘吊挂、挂镜线、踢脚板、墙围、隔扇、屏风、木地板、天花板、走廊及楼梯的栏杆与扶手等。根据这些木制品的建筑功能及所处的位置,可以用各种油漆或彩面装饰表面,也可以雕刻各种花纹。

（二）项目特征

木材种类同第三章第一节项目特征相关释义。

防腐油同第一章第一节项目特征相关释义。

（三）工程量计算规则

(1)木楼梯按水平投影面积计算,不扣除宽度小于300mm(江苏省规定200mm)以内的楼梯井面积。(靠墙)踢脚板、平台和伸入墙内的已包括在定额内,不另计算。

(2)木楼梯及平台底面天棚不包括在木楼梯定额项目内,应另列项目计算,执行天棚相应定额。

（四）工程内容

建筑工程中常用的油漆同第一章第一节工程内容相关释义。

二、工程量计算实例

【例3-5】　求如图3-6所示木楼梯工程量。

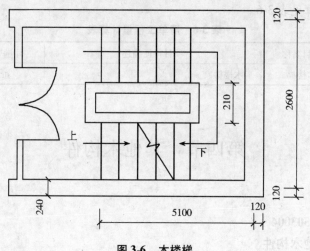

图3-6　木楼梯

【解】　(1)定额工程量

工程量 $= (5.1 - 0.12) \times (2.6 - 0.24) = 4.98 \times 2.36 = 11.75 \mathrm{m}^2$

套用基础定额7-350。

(2)清单工程量

清单工程量计算同定额工程量。

清单工程量计算见表3-5。

表3-5　清单工程量计算表

项目编码	项目名称	项目特征描述	计量单位	工程量
010503003001	木楼梯	木楼梯	m²	11.75

【例3-6】 求如图3-7所示木楼梯(一层楼梯)工程量。

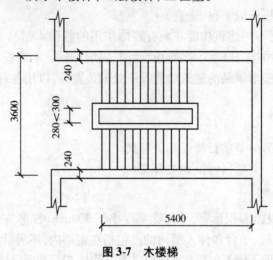

图3-7　木楼梯

【解】 (1)定额工程量

工程量 $= 5.4 \times (3.6 - 0.24) = 18.14 \text{m}^2$

套用基础定额7-350。

(2)清单工程量

清单工程量计算同定额工程量。

清单工程量计算见表3-6。

表3-6　清单工程量计算表

项目编码	项目名称	项目特征描述	计量单位	工程量
010503003001	木楼梯	木楼梯	m^2	18.14

第四节　其他木构件

项目编码　010503004

项目名称　其他木构件

**项目特征　** 1.构件名称;2.构件截面;3.木材种类;4.刨光要求;5.防护材料种类;6.油漆品种、刷漆遍数

计量单位　m^3/m

**工程量计算规则　** 按设计图示尺寸以体积或长度计算

**工程内容　** 1.制作;2.运输;3.安装;4.刷防护材料、油漆

【释义】

一、名词解释和基本知识

(一)项目名称

檩木: 在木结构工程中,檩木按其断面形状分为方檩木和圆檩木两种。檩木作为承重结构

铺设在屋架或相邻的间壁墙上,其长度视屋架或间壁墙的间距而定,一般为2.6~4m。檩木的断面尺寸,方檩木多为 60mm×120mm,圆檩木的梢径不小于 100mm。檩木铺设的中距多为 600~800mm,两端要用 4 根 6″铁钉固定。檩垫木常用规格为 60mm×120mm×240mm。檩木三角托木一般采用对开檩头,如檩木无后备长度可采用 100mm×150mm×300mm 的对开三角托木。

简支檩:指檩木的一般做法,即檩木两端直接搁在支点上或由支点挑出部分长度至博风板。

连续檩:指檩木由多个开间组合,檩木接头可设在任何部分。

毛地板:指铺钉在搁栅和拼花地板之间的连接地板,一般不刨光,故称毛地板。

搁栅:即龙骨、地木楞。

加木风撑:在旧有的两榀屋架间增设的垂直木制剪刀撑,用以增加屋架的侧向稳定性和抗水平力的能力。

屋盖(架)支撑:在两榀屋架间垂直设置的剪刀撑,用于提高屋架的侧向稳定性和抗水平力的能力,可用型钢或木枋制成。

木基层:指在屋面檩木以上,屋面瓦以下中间部分的椽条、屋面板、挂瓦条等木构造。木基层的组成由屋面构造和使用要求决定,通常包括檩木上钉椽条及挂瓦条,檩木上钉屋面板、油毡、顺水条及挂瓦条,檩木上钉椽条,檩木上钉面板等。

走道板:又称安全走道板,是为维修吊车轨道和检修吊车而设。走道板均沿吊车梁顶面铺设。

木隔断:多用于车间内的工具室、办公室。由于构造不同可分全木隔断和组合木隔断两种,隔断木扇也可装玻璃。

(二)项目特征

木材种类同第三章第一节项目特征相关释义。

防腐油同第一章第一节项目特征相关释义。

(三)工程量计算规则

檩木按竣工木料以 m³ 计算。简支檩长度按设计规定计算,如设计无规定者,按屋架或山墙中距增加200mm 计算,如两端出山,檩条长度算至博风板;连续檩条的长度按设计长度计算,其接头长度按全部连续檩木总体积的5%计算。檩条托木已计入相应的檩木制作安装项目中,不另计算。

屋面木基层按屋面木基层水平投影面积乘以屋面坡度系数的斜面积计算。天窗挑檐重叠部分按设计规定计算,屋面烟囱及斜沟部分所占面积不扣除。

封檐板按图示檐口外围长度计算;博风板按斜长计算,每个大刀头长度增加500mm,即

四坡水屋面封檐板 = 外围长度 + 8×檐宽

二坡水屋面封檐板 = 2×[(纵墙外边长 + 2×檐宽) + (山墙外边长 + 2×檐宽)×坡度系数 + 1.0]

式中 1.0——每两个大刀头增加长度 2×0.5m。

(四)工程内容

檩木的工程内容应包括檩木、三角托木、垫木的制作和安装,伸入墙内部分的檩头及垫木的防腐刷油。

二、工程量计算实例

【例3-7】　如图3-8所示,已知中间檩条根数为15根,两端出山墙檩条的根数为30根。

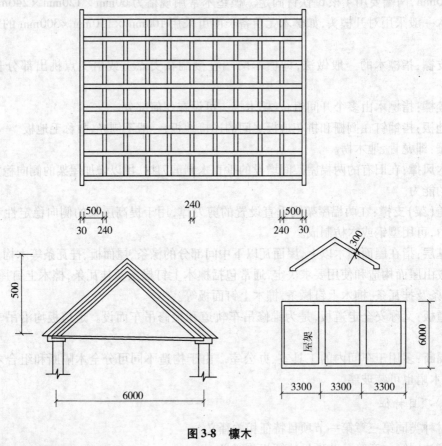

图3-8　檩木

【解】　(1)定额工程量

①中间檩条体积计算如下。

中间檩条每根长度:3.30 + 0.20 = 3.50m

每根体积亦可从"建筑工程预算工作手册"中查得。当檩条长3.5m,小头直径0.12m,体积为0.048m³/根。

中间檩条竣工体积:0.048 × 15 = 0.72m³

②两端出山墙檩条体积计算如下。

两端出山墙檩条长度 = 屋架(墙或内山墙)至外墙的中心距离 + $\dfrac{0.2}{2}$(内端增长) + $\dfrac{外山墙厚}{2}$ +

$$外山墙距博风板的距离$$

两端出山墙檩条长度:$3.30 + \dfrac{0.2}{2} + \dfrac{0.24}{2} + 0.5 = 4.02m$

查"建筑工程预算工作手册"中体积表得小头直径0.12m、长4m的檩条体积为0.056m³;长3.8m的檩条体积为0.053m³。

采用插入法计算长4.02m檩条的体积:

$$\frac{0.056 - 0.053}{4 - 3.8} \times (4.02 - 4) + 0.056 = 0.0563m^3$$

两端出山墙檩条竣工木料:$0.0563 \times 30 = 1.689\text{m}^3$

③竣工木料合计:$0.72 + 1.689 = 2.41\text{m}^3$

套用基础定额 7 - 338。

(2)清单工程量

长 3.5m 檩条:$L_1 = 3.5 \times 15 = 52.50\text{m}$

长 4.02m 檩条:$L_2 = 4.02 \times 30 = 120.60\text{m}$

清单工程量计算见表 3-7。

表 3-7　清单工程量计算表

序号	项目编码	项目名称	项目特征描述	计量单位	工程量
1	010503004001	其他木构件	檩条长 3.5m	m	52.50
2	010503004002	其他木构件	檩条长 4.02m	m	120.60

【例 3-8】　连续檩木工程量按竣工木料以体积计算。连续檩条的长度按设计长度计算,其接头长度按全部连续檩木总体积的 5% 计算。将如图 3-8 所示的圆檩木改成截面为 70mm×120mm 的方檩条,求其工程量。

【解】　(1)定额工程量

V = 截面积×檩条设计长度×1.05×根数

$= 0.07 \times 0.12 \times (3.3 \times 3 + 0.12 \times 2 + 0.5 \times 2) \times 1.05 \times 15$

$= 1.47\text{m}^3$

套用基础定额 7 - 337。

(2)清单工程量

V = 截面积×檩条设计长度×根数

$= 0.07 \times 0.12 \times (3.3 \times 3 + 0.12 \times 2 + 0.5 \times 2) \times 15$

$= 1.40\text{m}^3$

清单工程量计算见表 3-8。

表 3-8　清单工程量计算表

项目编码	项目名称	项目特征描述	计量单位	工程量
010503004001	其他木构件	檩木截面为 70mm×120mm	m³	1.40

【例 3-9】　如图 3-9 所示简支檩条,小头直径 12cm,共计 45 根圆木檩条,长3.5m,求其工程量。

【解】　(1)定额工程量

圆木檩条长度:$3.3 + 0.2 = 3.50\text{m}$

查体积表可得,小头直径 12cm,长3.5m 的檩条体积为0.052m^3。

工程量 $= 45 \times 0.052 = 2.34\text{m}^3$

套用基础定额 7 - 338。

(2)清单工程量

$L = 3.5 \times 4.5 = 157.50\text{m}$

清单工程量计算见表 3-9。

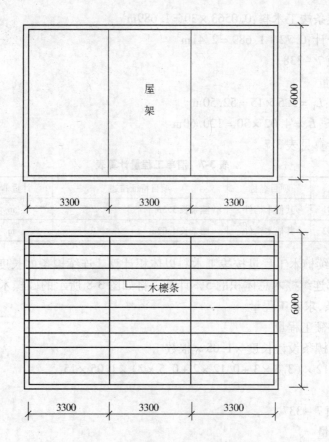

图 3-9　简支檩条(小头直径 12cm)

表 3-9　清单工程量计算表

项目编码	项目名称	项目特征描述	计量单位	工程量
010503004001	其他木构件	檩条长 3.5m,共 45 根,小头直径 12cm	m	157.50

【例 3-10】　求如图 3-10 所示屋面连续方木檩条(刨光),共 7 根的工程量。

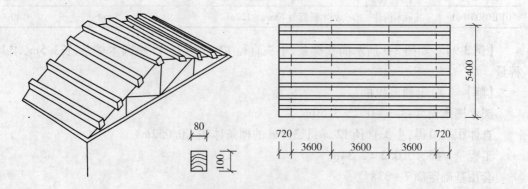

图 3-10　屋面连续木檩条

【解】　(1)定额工程量

工程量 = (3.6 ×3 +0.72 ×2) ×0.08 ×0.1 ×7 ×1.05 = 0.72m³

套用基础定额 7 - 337。

（2）清单工程量

$V = (3.6 \times 3 + 0.72 \times 2) \times 0.08 \times 0.1 \times 7 = 0.69 \mathrm{m}^3$

清单工程量计算见表3-10。

表3-10 清单工程量计算表

项目编码	项目名称	项目特征描述	计量单位	工程量
010503004001	其他木构件	檩条截面80mm×100mm,共7根	m³	0.69

【例3-11】 按如图3-11所示封檐板、博风板计算工程量。

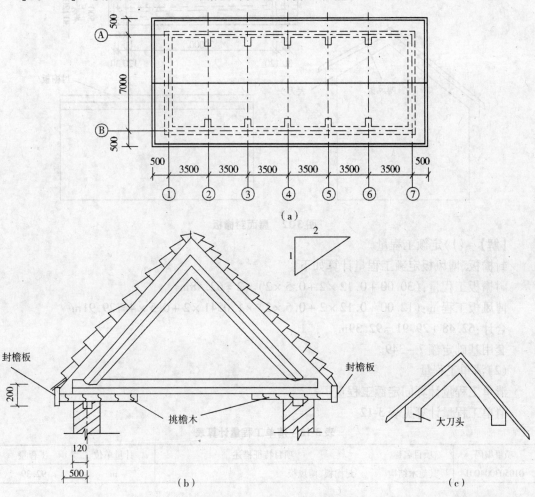

图3-11 封檐板、博风板

(a)屋顶平面图;(b)檐口节点大样;(c)封檐板

【解】 （1）定额工程量

封檐板按檐口外围长度计算,博风板按斜长计算,每个大刀头增加500mm,则

工程量 $= [(3.5 \times 6 + 0.5 \times 2) + (7 + 0.5 \times 2) \times 1.118] \times 2 + 0.5 \times 4 = 63.89 \mathrm{m}$

套用基础定额7－348。

（2）清单工程量

清单工程量计算同定额工程量。

清单工程量计算见表3-11。

表3-11　清单工程量计算表

项目编码	项目名称	项目特征描述	计量单位	工程量
010503004001	其他木结构	封檐板	m	63.89

【例3-12】　求如图3-12所示屋面封檐板、博风板工程量。

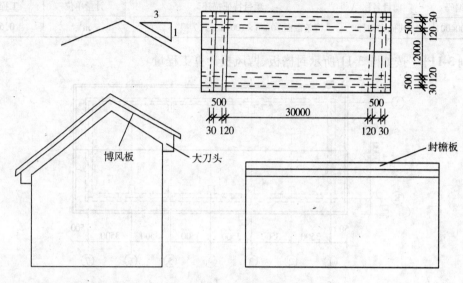

图3-12　屋面封檐板

【解】　（1）定额工程量

封檐板、博风板定额工程量计算如下。

封檐板工程量：$(30.00 + 0.12 \times 2 + 0.5 \times 2) \times 2 = 62.48 \text{m}$

博风板工程量：$(12.00 + 0.12 \times 2 + 0.5 \times 2) \times 1.0541 \times 2 + 0.5 \times 4 = 29.91 \text{m}$

合计：$62.48 + 29.91 = 92.39 \text{m}$

套用基础定额7-349。

（2）清单工程量

清单工程量计算同定额工程量。

清单工程量计算见表3-12。

表3-12　清单工程量计算表

项目编码	项目名称	项目特征描述	计量单位	工程量
010503004001	其他木结构	封檐板、博风板	m	92.39

【例3-13】　某民用工程需用圆木做楼地楞，共有楼楞30根，长度为3.5m，圆木直径为φ14，需净光，求其工程量（单指计算楼楞的材积）。

【解】　（1）定额工程量

首先将上述圆木查木材体积表，然后按每立方米的构件体积增加0.05m³计算。

查表得长3.5m、φ14的圆木每根体积为0.069m³。

$0.069 \times 30 = 2.07 \text{m}^3$

增加体积：$2.07 \times 0.05 = 0.104 \text{m}^3$

合计：$2.07 + 0.104 = 2.17 \text{m}^3$

即加工上述楼楞需2.17m³的木材。

套用基础定额 7 - 353。

（2）清单工程量

工程量 $= \pi \times 0.07^2 \times 3.5 \times 30 = 1.62 \mathrm{m}^3$

清单工程量计算见表 3-13。

表 3-13　清单工程量计算表

项目编码	项目名称	项目特征描述	计量单位	工程量
010503002001	木梁	楼地楞 30 根，长度为 3.5m，圆木直径为 $\phi14$	m^3	1.62

第四章 其他相关问题

A.5.4 其他相关问题应按有关规定处理。

1. 冷藏门、冷冻间门、保温门、变电室门、隔音门、防射线门、人防门、金库门等,应按 A.5.1 中特种门项目编码列项。

2. 屋架的跨度应以上、下弦中心线两交点之间的距离计算。

3. 带气楼的屋架和马尾、折角以及正交部分的半屋架,应按相关屋架项目编码列项。

4. 木楼梯的栏杆(栏板)、扶手,应按 B.1.7中相关项目编码列项。

【释义】

冷藏门同第一章第四节项目名称相关释义。

冷冻间门同第一章第四节项目名称相关释义。

保温门同第一章第四节项目名称相关释义。

变电室门同第一章第四节项目名称相关释义。

隔声门:常用于室内噪声允许级较低的房间中,隔声效果取决于隔声材料、门框与门扇间的密闭程度等。材料密度越大越密实,接缝密闭越严,则隔声能力越强。如采用玻璃间距为 80~100mm 的不同厚度的双层玻璃窗,就能有一定的隔声效果。

栏杆(板):楼梯的围护构件,设置在梯段板的边缘处以及顶层楼层平台边缘(亦称安全栏杆),以保证楼梯间交通安全。楼梯在靠近楼梯井处应加栏杆或栏板,顶部做扶手。

扶手表面的高度与楼梯坡度有关,其计算点应从踏步前起算。当楼梯的坡度为 15°~30° 时,取 900mm;30°~45°时,取 850mm;45°~60°时,取 800mm;60°~75°时,取 750mm。水平的护身栏杆高度应不小于1050mm。

楼梯段的宽度大于1650mm 时,应增设靠墙扶手。楼梯段宽度超过2200mm 时,还应增设中间扶手。

楼梯栏杆有空花栏杆、实心栏板以及两者组合三种。

空花栏杆:一般采用钢铁料如扁钢、圆钢、方钢及管料做成,如图 4-1 所示。它们的组合大部分用电焊或螺栓连接。栏杆立柱与梯段的连接一般电焊在预埋铁件上,如图 4-2a、b 所示,或用水泥砂浆埋入混凝土构件的预留孔内,如图 4-2c、d 所示。为了增加梯段净宽和美观并加强栏杆抵抗水平力的能力,栏杆与扶手的立柱也可以从侧面连接,如图 4-2e 所示。

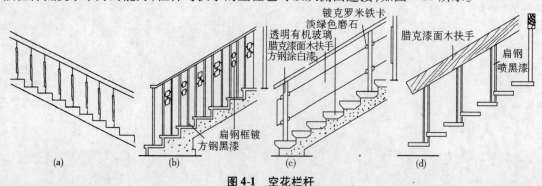

图 4-1 空花栏杆

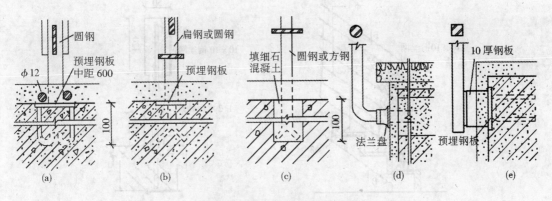

图 4-2 栏杆与梯段构件的连接

(a)与通长圆钢焊接;(b)与预埋钢板焊接;(c)埋入预留孔内;

(d)立杆埋入踏板侧面预留孔内;(e)立杆焊在踏板侧面钢板上

　　实心栏板:可用透明的钢化玻璃或有机玻璃镶嵌于栏杆立柱之间,这种设计的目的是要把栏板做得空透简洁,其构造如图 4-3a ~ c 所示。也可用预制或现浇钢筋混凝土板以及钢丝网水泥等材料制作,如图 4-3d、e 所示。

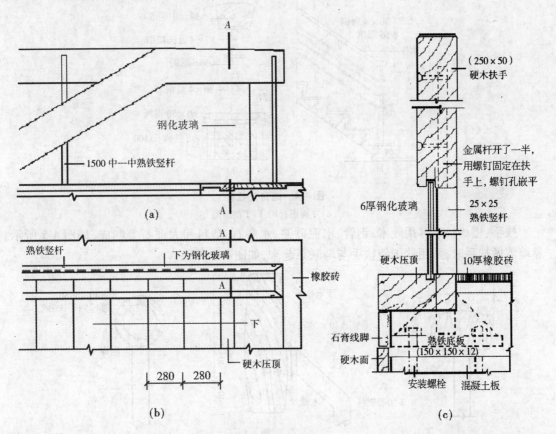

图 4-3 栏板式栏杆

(a)钢化玻璃栏板立面图;(b)钢化玻璃栏板平面图;(c)A-A 剖面

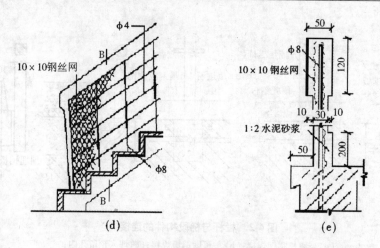

图 4-3　栏板式栏杆(续)

(d)钢丝网水泥栏板立面图；(e)B-B 剖面

　　组合式：指空花栏杆与栏板组合的一种形式。一般空花部分用金属制作，栏板部分用混凝土或砖砌，如图 4-4 所示。

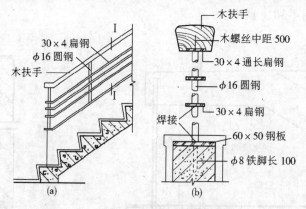

图 4-4　组合式栏杆

(a)立面图；(b)Ⅰ-Ⅰ剖面图

　　扶手：楼梯扶手可用硬木、钢管、水泥砂浆、水磨石、塑料和大理石等制成，如图 4-5 所示。靠墙需做扶手时，常用铁脚使扶手与墙联系起来，如图 4-6 所示。

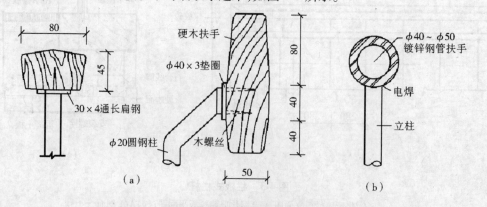

图 4-5　扶手形式

(a)硬木扶手；(b)钢管扶手

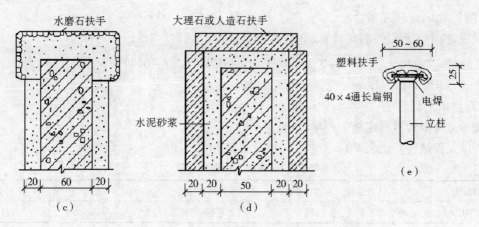

图 4-5　扶手形式（续）

(c)水泥砂浆或水磨石扶手；(d)大理石或人造石扶手；(e)塑料扶手

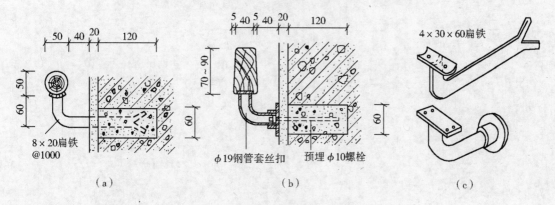

图 4-6　靠墙扶手

(a)圆木扶手；(b)条木扶手；(c)扶手铁脚

【例 4-1】　如图 4-7 所示，求木栏板、木扶手工程量。

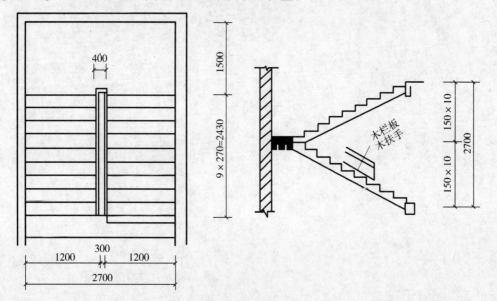

图 4-7　木栏板、木扶手

【解】　（1）定额工程量

栏板、扶手工程量按斜长计算（包括弯头长度）。

工程量 $= 2.430 \times \sqrt{0.27^2 + 0.15^2}/0.27 \times 2 + 0.4 + (2.7 - 0.4)/2$

　　　　$= 7.11\text{m}$

（2）清单工程量

清单工程量计算同定额工程量。

清单工程量计算见表4-1。

表4-1　清单工程量计算表

项目编码	项目名称	项目特征描述	计量单位	工程量
020107002001	硬木扶手带、栏杆、栏板	木栏杆、木扶手	m	7.11

第五章 厂库房大门、特种门及木结构工程计算实例

第一节 厂库房大门、特种门工程量计算

一、木板大门

【例5-1】 某小型化工厂,现拟新建单层工业厂房,厂房选址坐北朝南,拟在东西两侧各开设一2700mm×2700mm的门洞,装平开不带采光窗的木板大门,该厂库房大门的具体形式如图5-1所示,试计算其工程量。

【解】 (1)定额工程量

工程量 = $2.7 \times 2.7 \times 2 = 14.58 \text{m}^2$

注:2.7为门洞宽和高,2为门的个数。

平开不带采光窗木板大门门扇制作套用定额7-131;

门扇安装套用基础定额7-132。

(2)清单工程量

工程量 = 2樘

清单工程量计算见表5-1。

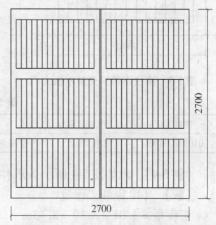

图5-1 平开不带采光窗木板大门

表5-1 清单工程量计算表

项目编码	项目名称	项目特征描述	计量单位	工程量
010501001001	木板大门	平开不带采光窗,尺寸2700mm×2700mm	樘	2

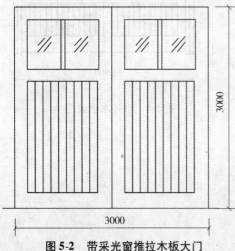

图5-2 带采光窗推拉木板大门

【例5-2】 现有一单层工业厂房,位于市区,可利用空间有限,欲安装2樘带采光窗推拉木板大门,门洞尺寸为3000mm×3000mm,门的具体形式如图5-2所示,试计算其工程量。

【解】 (1)定额工程量

工程量 = $3.0 \times 3.0 \times 2 = 18.00 \text{m}^2$

注:3.0为大门门洞的宽和高,2为门的樘数。

带采光窗推拉木板大门门扇制作套用基础定额7-133;

门扇安装套用基础定额7-134。

(2)清单工程量

工程量 = 2樘

清单工程量计算见表5-2。

表5-2　清单工程量计算表

项目编码	项目名称	项目特征描述	计量单位	工程量
010501001001	木板大门	带采光窗,推拉,尺寸3000mm×3000mm	樘	2

【例5-3】　某现代化花卉养护室,为保证合理的光照条件实施,现欲在不同品种花卉间设置隔墙,同时安装推拉不带采光窗的木板大门,共4樘,门洞尺寸为2400mm×2100mm,门的具体形式如图5-3所示,试计算其工程量。

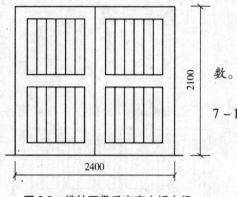

图5-3　推拉不带采光窗木板大门

【解】　(1)定额工程量

工程量 = 2.4×2.1×4 = 20.16m²

注:2.4为大门门洞口的宽,2.1为门高,4为门的樘数。

推拉不带采光窗木板大门门扇制作套用基础定额7 – 135;

门扇安装套用基础定额7 – 136。

(2)清单工程量

工程量 = 4 樘

清单工程量计算见表5-3。

表5-3　清单工程量计算表

项目编码	项目名称	项目特征描述	计量单位	工程量
010501001001	木板大门	不带采光窗,推拉,尺寸2100mm×2400mm	樘	4

【例5-4】　求如图5-4所示平开木板大门工程量。

【解】　(1)定额工程量

工程量 = 3.01×2.80 = 8.43m²

套用基础定额7 – 129、7 – 130。

(2)清单工程量

清单工程量计算同定额工程量。

清单工程量计算见表5-4。

表5-4　清单工程量计算表

项目编码	项目名称	项目特征描述	计量单位	工程量
010501001001	木板大门	1. 尺寸为3010mm×2800mm 2. 平开木板大门	m²	8.43

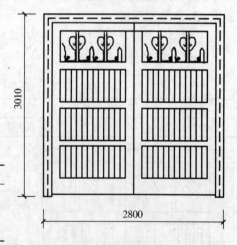

图5-4　平开木板大门

【例5-5】　如图5-5所示,求推拉木板大门的工程量。

【解】　(1)定额工程量

工程量 = 3.0×2.7 = 8.10m²

套用基础定额7 – 133、7 – 134。

(2)清单工程量

清单工程量计算同定额工程量。

清单工程量计算见表5-5。

表5-5　清单工程量计算表

项目编码	项目名称	项目特征描述	计量单位	工程量
010501001001	木板大门	1. 推拉木板大门 2. 尺寸3m×2.7m	m²	8.10

【例5-6】　求如图5-6所示木板大门工程量。

【解】　（1）定额工程量

工程量 $= 1.8 \times 3.0 = 5.40 \text{m}^2$

套用基础定额7－131、7－132。

（2）清单工程量

清单工程量计算同定额工程量。

清单工程量计算见表5-6。

表5-6　清单工程量计算表

项目编码	项目名称	项目特征描述	计量单位	工程量
010501001001	木板大门	1. 平开式木板大门 2. 无框	m²	5.40

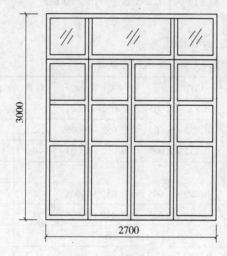

图5-5　推拉木板大门

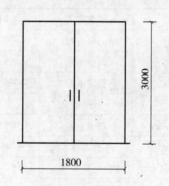

图5-6　木板大门

【例5-7】　平开木板大门取定的洞口尺寸为 $3.0 \times 3.0 = 9 \text{m}^2$；含樘量 $= 100/9 = 11.111$ 樘/100m^2。挡板净高 $= 0.5605 \text{m}$；挡板净宽 $= 0.5495 \text{m}$。门的构造如图5-7所示。

【解】　（1）定额工程量

①门扇制作定额的耗用量计算：

a. 门扇制作的材料耗用量计算如下。

木料：门扇所用木料见表5-7。

扇面木板：板厚按15mm计，$6 \times 2 = 12$ 档，损耗率为制作13%，安装6%，运输堆放3%，总计22%。

每档板高：净高 + 裁口 + 后备长 $= 0.5605 + 0.03 + 0.02 = 0.6105 \text{m}$

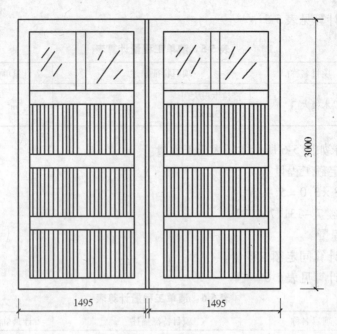

图 5-7　木板大门

每档板宽:净宽 + 裁口 + 后备长 = 0.5495 + 0.03 + 0.02 = 0.5995m

定额用量:$0.6105 \times 0.5995 \times 12 \times 0.02 \times 11.111 \times 1.22 = 1.191 \text{m}^3/100\text{m}^2$

铁钉:按0.0296kg/榀取定,损耗2%。

定额用量:$0.0296 \times 11.111 \times 1.02 = 0.335\text{kg}/100\text{m}^2$

表 5-7　平开木板大门带采光窗门窗木料计算表

规格	名称	构件长(m)	构件宽(m)	构件厚(m)	根数	用量(m³)
54cm² 内中方	门扇边梃	2.980 + 0.050	0.132 + 0.005	0.052 + 0.005	6	0.14197
	门扇上帽	1.495 + 0.020	0.132 + 0.005	0.052 + 0.005	2	0.02366
	门扇中帽	1.495 + 0.020	0.132 + 0.005	0.052 + 0.005	6	0.07098
	小计					0.23661
55 ~ 100cm²	门扇下帽	1.495 + 0.020	0.210 + 0.005	0.052 + 0.005	2	0.03713
54cm² 内小方	采光窗棱木	0.8245 + 0.020	0.052 + 0.005	0.045 + 0.005	4	0.00905
54cm² 内小方定额用量		$0.00905 \times 11.111 \times 1.06$				0.1066
54cm² 内中方定额用量		$0.23661 \times 11.111 \times 1.06$				2.7867
55 ~ 100cm² 定额用量		$0.03713 \times 11.111 \times 1.06$				0.4373

乳白胶:按$7.14\text{kg}/100\text{m}^2$ 取定。

木楔:按$0.009\text{m}^3/100\text{m}^2$ 取定。

清油:按$0.0175\text{kg}/\text{m}^2$ 取定。

清油用量 = 扇高 × 扇宽 × 2 扇 × 含榀量 × 取定量

　　　　 = $2.98 \times 1.495 \times 2 \times 11.111 \times 0.0175$

　　　　 = $1.733\text{kg}/100\text{m}^2$

油漆溶剂油:按$0.01\text{kg}/\text{m}^2$ 取定,依上式计算。

定额用量 = $4.4551 \times 2 \times 11.111 \times 0.01 = 0.99\text{kg}/100\text{m}^2$

b. 门扇制作的人工耗用量计算如下。

门扇制作(双扇)按 $11.111 \times 2 = 22.222$ 榀/100m²,门扇入库运输工按普通木门的 3 倍计算,刷底油乘以 0.8 的无框系数,具体计算见表 5-8。

表 5-8 平开木板大门带采光窗门扇制作人工计算表

项目	计算量	单位	劳动定额编号	时间定额	系数	人工耗用量(工日/100m²)
门扇制作	2.2222	10 扇	§7-12-197(一)	16.70	1	37.111
领运木料超 20m	4.522	m³	§1-2-28(一)	0.0877	1	0.397
门扇入库 20m	0.2222	100 扇	§1-2-35(一)	0.532	3	0.355
刷底油	10	10m²	§12-1-12(二)规定 8	1.16×0.5	0.8	4.640
小计						42.503
定额用量		42.503×1.08(人工幅度差 8%)				45.903

c. 门扇制作的机械台班计算如下。

圆锯机:门加工量 = 16 根

窗加工量 = 窗棱 + 企口板 = $4 + 12 \times 6 \times 2 = 148$ 根

平刨床:门加工量 = $3.03 \times 6 + 1.52 \times 10 = 33.38$ m

窗加工量 = $0.84 \times 4 + 0.61 \times 12 \times 6 = 47.28$ m

打眼机:门加工量 = $48 + 14 = 62$ 根

窗加工量 = 8 眼

开榫机:门加工量 = $40 + 14 = 54$ 头

窗加工量 = 8 头

具体计算见表 5-9。

表 5-9 平开木板大门带采光窗门扇制作台班计算表

机械名称		含榀量	加工量	单位	劳动定额编号	台班产量	人数	台班	幅度差	定额台班(100m²)
圆锯机	门	11.111	0.16	100 根	§7-1-3	6.7	3	0.457	1.1	0.60
	窗		1.48	100 根	§7-1-4	12	3	0.089		
平刨床	门	11.111	0.334	100m	§7-2-7(一)	7.2	1	0.515	1.1	1.32
	窗		0.473	100m	§7-2-8(一)	7.63	1	0.688		
压刨床	门	11.111	0.334	100m	§7-3-11(一)	7.2	1	0.515	1.1	1.32
	窗		0.473	100m	§7-3-12(一)	7.63	1	0.688		
打眼机	门	11.111	0.620	100 眼	§7-5-19(一)	7.2	1	0.957	1.1	1.13
	窗		0.08	100 眼	§7-5-20(一)	12	1	0.074		
开榫机	门	11.111	0.540	100 头	§7-6-23(一)	7.2	1	0.833	1.1	0.97
	窗		0.080	100 头	§7-6-24(四)	12	1	0.045		
截口机	门	11.111	0.334	100m	§7-7-27(三)	9	2	0.206	1.1	0.52
	窗		0.473	100m	§7-7-28(三)	10	2	0.263		

②门扇安装定额的耗用量计算:

a. 门扇安装的材料耗用量计算如下。

木板大门安装的主要材料有玻璃、油灰和铁钉等。

玻璃：综合损耗按1.236计。

玻璃高 = 净高 + 裁口 = 0.6385 + 0.03 = 0.6685m

玻璃宽 = 净宽 + 裁口 = 0.226 + 0.03 = 0.256m

定额用量 = 0.6685 × 0.256 × 8 × 11.111 × 1.236

　　　　 = 18.80m²/100m²

油灰：综合取定为1.36kg/m²，按玻璃面积计，损耗2%。

定额用量 = 15.21 × 1.36 × 1.02 = 21.099kg/100m²

铁钉：木板门按0.006079kg/m²取定，按玻璃面积计。

定额用量 = 15.21 × 0.006079 × 1.02 = 0.094kg/100m²

b. 门扇安装的人工耗用量计算如下。

门扇运输定额按普通木门的3倍计算。18.8m² 玻璃折合重量箱为18.8/10 × 1.5 = 2.82 重量箱。具体计算见表5-10。

表5-10　木板大门门扇安装人工计算表

项目	计算量	单位	劳动定额编号	时间定额	人工耗用量（工日/100m）
门扇安装	22.222	扇	§6-7-185	0.909	20.200
玻璃安装	1.521	10m²	§12-10-166（四）	0.618	0.940
门扇运输170m	22.222	扇	§1-2-35（六）	0.0833 × 3	0.555
玻璃运输50m	0.282	10 箱	§1-2-72（二）	0.143	0.040
小计					21.735
定额用量	21.735 × 1.1（人工幅度差10%）				23.909

（2）清单工程量

工程量 = 3 × 3 = 9.00m²

清单工程量计算见表5-11。

表5-11　清单工程量计算表

项目编码	项目名称	项目特征描述	计量单位	工程量
010501001001	木板大门	平开木板大门	m²	9.00

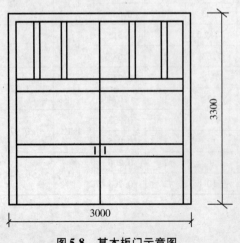

图5-8　某木板门示意图

【例5-8】　某厂房大门为一木板大门，如图5-8 所示，平开式不带采光窗，有框，二扇门，洞口尺寸 3m × 3.3m，刷底油一遍，调和漆两遍。

【解】　（1）定额工程量

工程量 = 3 × 3.3 = 9.90m²

注：3（木门的宽度）× 3.3（木门的高度）为木板大门的面积。

门扇制作套用基础定额7 - 131，门扇安装套用基础定额7 - 132。

（2）清单工程量

工程量 = 1 樘

清单工程量计算见表5-12。

表 5-12　清单工程量计算表

项目编码	项目名称	项目特征描述	计量单位	工程量
010501001001	木板大门	平开式不带采光窗;有框,二扇门,刷底油一遍,调和漆两遍	樘	1

【例 5-9】　如图 5-9 所示,某仓库大门为推拉式带采光窗全木板大门,一扇门,洞口尺寸为 2.8m×3m,刷底油、调和漆各一遍,求工程量并套定额。

【解】　(1)定额工程量

工程量 $= 2.8 \times 3 = 8.40m^2$

门扇制作套用基础定额 7－133;

门扇安装套用基础定额 7－134。

(2)清单工程量

清单工程量计算同定额工程量。

清单工程量计算见表 5-13。

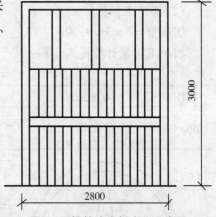

图 5-9　推拉式木板大门示意图

表 5-13　清单工程量计算表

项目编码	项目名称	项目特征描述	计量单位	工程量
010501001001	木板大门	推拉式,有框,单扇门杨木,刷底油,调和漆各一遍	m²	8.40

【例 5-10】　如图 5-10 所示一全木板大门,杉木,为平开带采光窗式,两扇门,洞口尺寸为 3m×3m,木门刷底油一遍,调和漆两遍,求木板门工程量并套定额。

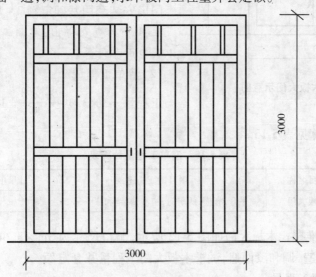

图 5-10　平开式木板大门示意图

【解】　(1)定额工程量

工程量 $= 3 \times 3 \times 1.1$

　　　　$= 9 \times 1.1$

$=9.90m^2$（计刷底油，调和漆）

注：3（门的宽度）×3（门的高度）×1.1（系数值）为门的面积乘以查表得出系数；定额工程量按设计图示尺寸以洞口面积计算。

门扇制作套用基础定额 7－129；

门扇安装套用基础定额 7－130。

（2）清单工程量

工程量 $=3\times3=9.00m^2$

清单工程量计算见表 5-14。

表 5-14　清单工程量计算表

项目编码	项目名称	项目特征描述	计量单位	工程量
010501001001	木板大门	平开带采光盘，有框，两扇门，杉木，刷底油一遍，调和漆两遍	m^2	9.00

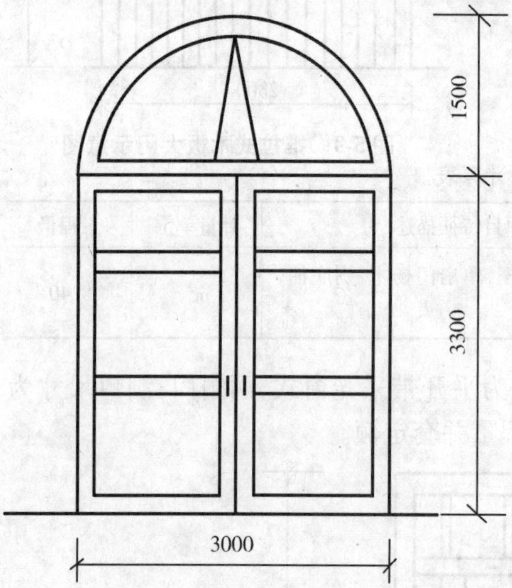

图 5-11　某木板大门示意图

【例 5-11】　如图 5-11 所示一平开木板大门，柳木不带采光窗、两扇木板门，洞口尺寸如图5-11所示，木板刷调和漆一遍，求木板大门工程量并套定额。

【解】　（1）定额工程量

$$工程量=\left[3(门的宽度)\times3.3(门的高度)+\frac{\pi\times3(门上部拱部的直径)^2}{8}\right]\times1.1$$

$=14.77m^2$（计刷漆工程量）

门扇制作套用基础定额 7－131；

门扇安装套用基础定额 7－132。

注：1.1 为查表得出，定额工程量按设计图示尺寸以洞口面积计算。

（2）清单工程量

$$工程量=3\times3.3+\frac{\pi\times3^2}{8}=13.43m^2$$

清单工程量计算见表 5-15。

表 5-15　清单工程量计算表

项目编码	项目名称	项目特征描述	计量单位	工程量
010501001001	木板大门	平开，有框，两扇门，柳木，刷调和漆一遍	m^2	13.43

【例 5-12】　某推拉式木板大门如图 5-12 所示，洞口尺寸为 3m×3.6m，两面板、两扇门，共有 6 樘，刷底油一遍，调和漆两遍，试求木板大门工程量并套定额。

【解】　（1）定额工程量

工程量 =3（门的宽度）×3.6（门的高度）×6×1.1

$=64.8\times1.1$

$=71.28m^2$（计刷底油、调和漆）

门扇制作套用基础定额 7－135；

门扇安装套用基础定额 7 – 136。

(2)清单工程量

工程量 = 3 × 3.6 × 6 = 64.80m²

清单工程量计算见表5-16。

图5-12 推拉木板大门示意图

表5-16 清单工程量计算表

项目编码	项目名称	项目特征描述	计量单位	工程量
010501001001	木板大门	推拉式,有框,两扇门,刷底油一遍,调和漆两遍	m²	64.80

二、钢木大门

【例5-13】 某大型厂房,为保证交通流通的便利,安装了4榿,门洞尺寸为3600mm×3300mm的一面板平开钢木大门,该钢木大门具体形式如图5-13所示,试计算其工程量。

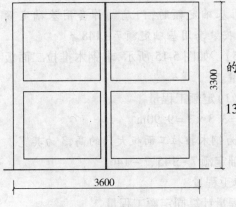

图5-13 平开钢木大门

【解】 (1)定额工程量

工程量 = 3.6 × 3.3 × 4 = 47.52m²

注:3.6为木大门的宽,3.3为木大门的高,4为门的榿数。

此一面板钢木大门门扇制作套用基础定额 7 – 137;

门扇安装套用基础定额 7 – 138。

(2)清单工程量

工程量 = 4 榿

清单工程量计算见表5-17。

表5-17 清单工程量计算表

项目编码	项目名称	项目特征描述	计量单位	工程量
010501002001	钢木大门	平开,尺寸3300mm×3600mm	榿	4

注:①若该平开钢木大门为防风型一面板钢木大门,则在套用定额时,门扇制作套用定额 7 – 139,门扇安装套用定额 7 – 140。

②若该平开钢木大门为防严寒型一面板钢木大门,则在套用定额时,门扇制作套用定额 7 – 141,门扇安装套用定额 7 – 142。

【例5-14】 试计算如图5-14所示的钢木推拉二面板(防风型)大门的工程量。

【解】 (1)定额工程量

工程量 = 3.6 × 3 = 10.80m²

注:3.6为钢木推拉二面大门的宽,3为门高。

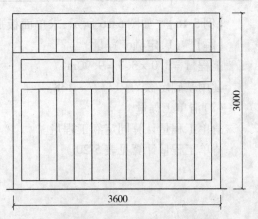

图5-14 钢木推拉二面板大门示意图

钢木推拉二面板(防风型)大门门扇制作套用基础定额7-145;

门扇安装套用基础定额7-146。

(2)清单工程量

工程量=1樘

清单工程量计算见表5-18。

表5-18　清单工程量计算表

项目编码	项目名称	项目特征描述	计量单位	工程量
010501002001	钢木大门	推拉二面板(防风型),尺寸3000mm×3600mm	樘	1

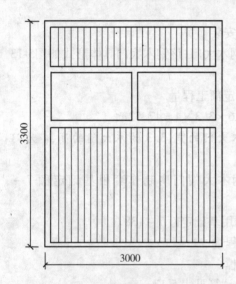

图5-15　钢木推拉二面板大门示意图
(图示尺寸为洞口尺寸)

注:①若该钢木推拉大门为一般型钢木大门,则在套用基础定额时,门扇制作套用定额7-143,门扇安装套用基础定额7-144。

②若该钢木推拉大门为二面板防严寒型钢木大门,则在套用基础定额时,门扇制作套用基础定额7-147,门扇安装套用基础定额7-148。

【例5-15】　如图5-15所示,求钢木推拉二面板大门的工程量。

【解】　(1)定额工程量

工程量=$3.3 \times 3 = 9.90m^2$

注:3.3为钢木推拉二面板大门的高,3为其宽。

套用基础定额7-145、7-146。

(2)清单工程量

清单工程量计算同定额工程量。

清单工程量计算见表5-19。

表5-19　清单工程量计算表

项目编码	项目名称	项目特征描述	计量单位	工程量
010501002001	钢木大门	推拉,尺寸3000mm×3300mm	m^2	9.90

【例5-16】　如图5-16所示,求单面板平开钢木大门工程量。

【解】　(1)定额工程量

工程量=$3.0 \times 3.3 = 9.90m^2$

套用基础定额7-137、7-138。

(2)清单工程量

清单工程量计算同定额工程量。

清单工程量计算见表5-20。

表 5-20　清单工程量计算表

项目编码	项目名称	项目特征描述	计量单位	工程量
010501002001	钢木大门	单面板平开钢木大门	m²	9.90

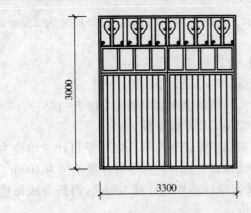

图 5-16　单面木平开钢木大门

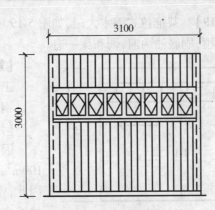

图 5-17　推拉钢木折叠门

【例 5-17】　推拉钢木折叠门如图 5-17 所示,共 20 樘,求其工程量。

【解】　(1)定额工程量

工程量 $= 3 \times 3.1 \times 20 = 186.00 m^2$

套用基础定额 7 – 143、7 – 144。

套用 93 定额 07104 子目,推拉钢木大门一般型制作安装,每 $10 m^2$ 子目基价为 1582.15 + 113.69 = 1695.84 元。

直接费 $= 18.6 \times 1695.84$

$\qquad = 31542.62$ 元

(2)清单工程量

清单工程量计算同定额工程量。

清单工程量计算见表 5-21。

表 5-21　清单工程量计算表

项目编码	项目名称	项目特征描述	计量单位	工程量
010501002001	钢木大门	1. 推拉钢木折叠门 2. 框外围尺寸为 3m×3.1m	m²	186.00

【例 5-18】　求如图 5-18 所示单层钢门工程量。

【解】　(1)定额工程量

工程量 $= 0.9 \times 2.1 = 1.89 m^2$

套用基础定额 7 – 306。

(2)清单工程量

清单工程量计算同定额工程量。

清单工程量计算见表 5-22。

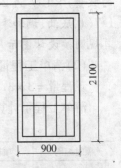

图 5-18　单层钢门

表5-22   清单工程量计算表

项目编码	项目名称	项目特征描述	计量单位	工程量
010501002001	钢木大门	单层钢门	m²	1.89

【例5-19】 某推拉式钢木大门,如图5-19所示,二面板、两扇门,取定洞口尺寸为3.0m×3.3m,共6樘,刷底油两遍,调和漆一遍。

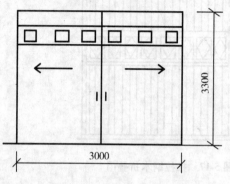

图5-19   某推拉门示意图

清单工程量计算见表5-23。

【解】 (1)定额工程量

工程量 = 3×3.36 = 59.40m²

钢木大门门扇制作套用基础定额7-145;

门扇安装套用基础定额7-146。

因门扇制作安装对应综合定额子目计量单位为100m²,刷油漆对应综合定额子目计量单位为100m²,因此,先按定额计算规则计算工程量,再折合成每樘的综合计价。

(2)清单工程量

清单工程量计算同定额工程量。

表5-23   清单工程量计算表

项目编码	项目名称	项目特征描述	计量单位	工程量
010501002001	钢木大门	推拉式,无框,两扇门,刷底油两遍,调和漆一遍	m²	59.40

【例5-20】 某仓库有平开式钢木大门,共2樘,均为一面板,两扇门,如图5-20所示,洞口尺寸为3m×3.3m,刷底油一遍,调和漆两遍,试计算钢木大门工程量并套定额。

【解】 (1)定额工程量

工程量 = 3×3.3×2×1.7

　　　 = 19.8×1.7

　　　 = 33.66m²(计刷底油、调和漆)

门扇制作套用基础定额7-137;

门扇安装套用基础定额7-138。

注:3(门的宽度)×3.3(门的高度)×2(门的数量)×1.7为2樘门洞口的尺寸面积乘以1.7(刷底油、调和漆是固定的系数)。工程量计算规则按设计图示尺寸以面积计算。

(2)清单工程量

工程量 = 3×3.3×2 = 19.80m²

清单工程量计算见表5-24。

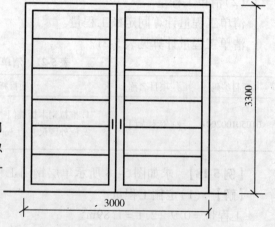

图5-20   平开钢木大门示意图

表5-24   清单工程量计算表

项目编码	项目名称	项目特征描述	计量单位	工程量
010501002001	钢木大门	平开式,有框,两扇门,刷底油一遍,调和漆两遍	m²	19.80

【例 5-21】　某工程大门均采用平开式钢木大门,二面板(防风型)、二扇门,如图 5-21 所示,洞口尺寸 3m×3.3m,共有 4 樘,刷底油一遍,刷调和漆两遍,求钢木大门工程量并套定额。

【解】　(1)定额工程量

工程量 = (3×3.3×4)×1.7 = 39.6×1.7

　　　　= 67.32m²(计刷底油、调和漆)

注:3(门的宽度)×3.3(门的高度)×4(门的数量)×1.7 为 2 樘门洞口的尺寸面积乘以 1.7(刷底油、调和漆是固定的系数)。

门扇制作套用基础定额 7-139;

门扇安装套用基础定额 7-140。

(2)清单工程量

工程量 = 3×3.3×4 = 39.60m²

清单工程量计算见表 5-25。

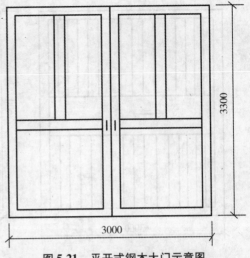

图 5-21　平开式钢木大门示意图

表 5-25　清单工程量计算表

项目编码	项目名称	项目特征描述	计量单位	工程量
010501002001	钢木大门	平开式,有框,二扇门,刷底油一遍,调和漆两遍	m²	39.60

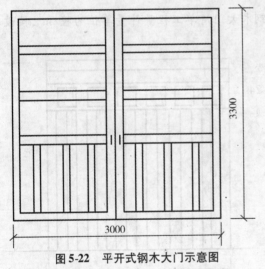

图 5-22　平开式钢木大门示意图

【例 5-22】　某仓库大门为 2 樘,二面板(防严寒型)的钢木大门,如图 5-22 所示,洞口尺寸为 3m×3.3m,刷底油一遍,调和漆两遍;求钢木大门工程量并套定额。

【解】　(1)定额工程量

工程量 = 3×3.3×2×1.7

　　　　= 19.6×1.7

　　　　= 33.66m²

注:3(门的宽度)×3.3(门的高度)×2(门的数量)×1.7 为 2 樘门洞口的尺寸面积乘以 1.7(刷底油,调和漆是固定的系数)。

门扇制作套用基础定额 7-141,

门扇安装套用基础定额 7-142。

(2)清单工程量

工程量 = 3×3.3×2 = 19.60m²

清单工程量计算见表 5-26。

表 5-26　清单工程量计算表

项目编码	项目名称	项目特征描述	计量单位	工程量
010501002001	钢木大门	平开式,有框,二扇门,刷底油一遍,调和漆两遍	m²	19.60

注:门的定额工程量按洞口面积计算。门的清单工程量计量单位为樘/m²,按图示数量或洞口尺寸以面积计算。

【例 5-23】 某厂房采用如图 5-23 所示推拉式钢木大门，一面板、洞口尺寸为 3m × 3.6m，刷底油一遍，调和漆两遍，求钢木大门工程量并套定额。

【解】 (1)定额工程量

工程量 = 3 × 3.6 × 1.7

= 10.8 × 1.7

= 18.36m^2(计刷底油、调和漆)

注：3(门的宽度) × 3.6(门的高度) × 1.7 为 2 樘门洞口的尺寸面积乘以 1.7(刷底油、调和漆是固定的系数)。

门扇制作套用基础定额 7 - 143；

门扇安装套用基础定额 7 - 144。

(2)清单工程量

工程量 = 3 × 3.6 = 10.80m^2

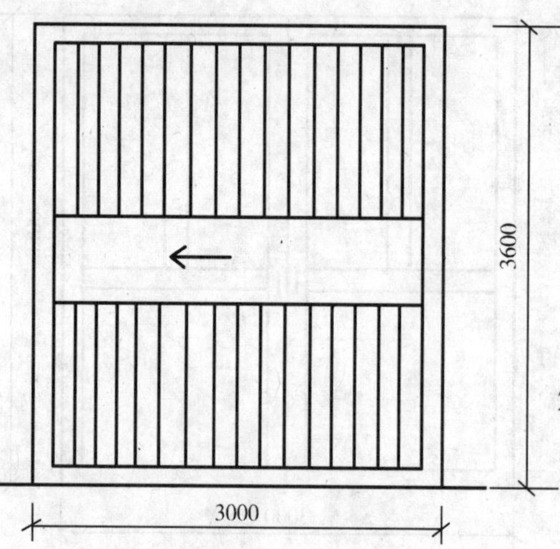

图 5-23 推拉式钢木大门示意图

清单工程量计算见表 5-27。

表 5-27 清单工程量计算表

项目编码	项目名称	项目特征描述	计量单位	工程量
010501002001	钢木大门	推拉式，有框，刷底油一遍，调和漆两遍	m^2	10.80

注：钢木大门定额工程量按洞口面积计算。钢木大门清单工程量计量单位为樘/m^2，按设计图示数量或洞口尺寸以面积计算。

【例 5-24】 某工程采用推拉式钢木大门 4 樘，二面板(防寒型)，洞口尺寸为 3m × 3.3m，如图 5-24 所示，刷底油一遍，调和漆两遍，求工程量并套定额。

【解】 (1)定额工程量

工程量 = 3 × 3.3 × 4 × 1.7

= 39.6 × 1.7

= 67.32m^2

门扇制作套用基础定额 7 - 147；

门扇安装套用基础定额 7 - 148。

(2)清单工程量

工程量 = 3 × 3.3 × 4 = 39.60m^2。

清单工程量计算见表 5-28。

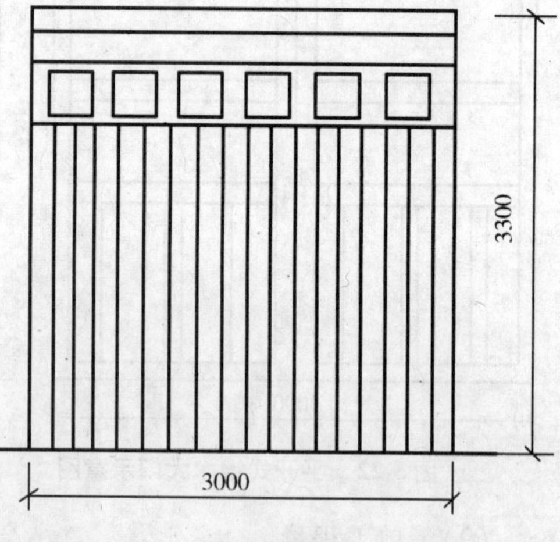

图 5-24 推拉式钢木大门示意图

表 5-28 清单工程量计算表

项目编码	项目名称	项目特征描述	计量单位	工程量
010501002001	钢木大门	推拉式，有框，单扇门，刷底油一遍，调和漆两遍	m^2	39.60

注：门定额工程量按洞口面积计算，清单工程量计量单位为樘/m^2，按设计图示数量或洞口尺寸以面积计算。

三、全钢板大门

【例5-25】 求如图5-25所示钢板折叠门工程量。

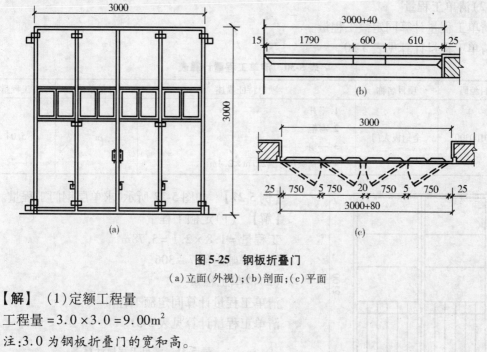

图5-25 钢板折叠门
(a)立面(外视);(b)剖面;(c)平面

【解】 (1)定额工程量

工程量 $=3.0\times3.0=9.00m^2$

注:3.0为钢板折叠门的宽和高。

套用基础定额7-164、7-165。

(2)清单工程量

清单工程量计算同定额工程量。

清单工程量计算见表5-29。

表5-29 清单工程量计算表

项目编码	项目名称	项目特征描述	计量单位	工程量
010501003001	全钢板大门	折叠,尺寸3000mm×3000mm	m²	9.00

【例5-26】 求如图5-26所示全钢板大门工程量并套定额。

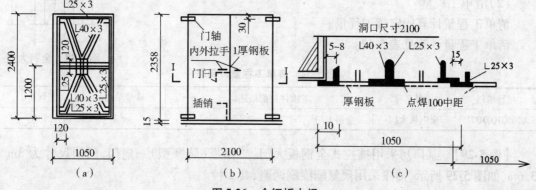

图5-26 全钢板大门
(a)骨架背立面;(b)立面图;(c)Ⅰ-Ⅰ剖面图

【解】　(1)定额工程量

工程量 $= 2.1 \times 2.4 = 5.04 \text{m}^2$

套用基础定额 7 – 316、7 – 317。

(2)清单工程量

清单工程量计算同定额工程量。

清单工程量计算见表5-30。

表5-30　清单工程量计算表

项目编码	项目名称	项目特征描述	计量单位	工程量
010501003001	全钢板大门	1. 平开 2. 有框 3. 一扇 4. 全钢板尺寸为2.1m×2.4m	m²	5.04

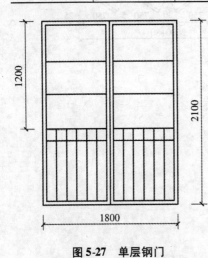

图 5-27　单层钢门

(图示尺寸为洞口尺寸)

【例 5-27】　如图 5-27 所示,求单层钢门工程量。

【解】　(1)定额工程量

工程量 $= 1.8 \times 2.1 = 3.78 \text{m}^2$

套用基础定额 7 – 306。

(2)清单工程量

清单工程量计算同定额工程量。

清单工程量计算见表5-31。

表5-31　清单工程量计算表

项目编码	项目名称	项目特征描述	计量单位	工程量
010501003001	全钢板大门	1. 单层钢门 2. 框围尺寸为1.8m×2.1m	m²	3.78

【例 5-28】　如图 5-28 所示,全钢大门,求其工程量。

【解】　(1)定额工程量

工程量 $= 1.0 \times 2.1 = 2.10 \text{m}^2$

套用基础定额 7 – 316、7 – 317。

(2)清单工程量

清单工程量计算同定额工程量。

清单工程量计算见表5-32。

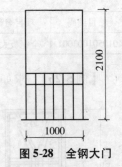

图 5-28　全钢大门

表5-32　清单工程量计算表

项目编码	项目名称	项目特征描述	计量单位	工程量
010501003001	全钢板大门	全钢大门	m²	2.10

【例 5-29】　某厂房采用推拉式全钢板大门,二面板(防寒型)一扇门,门洞尺寸为3m × 3.6m,如图5-29 所示,油漆采用聚氨酯漆刷两遍,共1樘。

【解】　(1)定额工程量

工程量 $= 3 \times 3.6 = 10.80 \text{m}^2$

注:3(门的宽度)×3.6(门的高度)为一扇门的 门轴面积,定额工程量按门窗洞口面积计算。

门扇制作套用基础定额7－147;

门扇安装套用基础定额7－148。

(2)清单工程量

清单工程量计算同定额工程量。

清单工程量计算见表5-33。

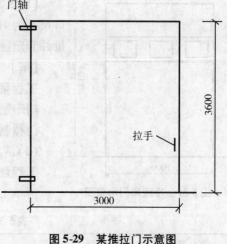

表5-33 清单工程量计算表

项目编码	项目名称	项目特征描述	计量单位	工程量
010501003001	全钢板大门	推拉式,无框,一扇门,刷聚氯酯漆两遍	m²	10.80

图5-29 某推拉门示意图

四、特种门

【例5-30】 某一偏远乡村,为保证夏季冷饮供应,欲建一小型冷藏库,为保证冷饮质量,保温层厚度选用150mm,门洞尺寸拟定为2000mm×1800mm,试计算该冷藏库门的工程量。(图5-30为该冷藏库门的示意图)

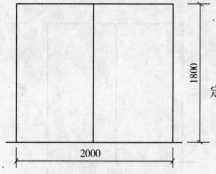

图5-30 冷藏库门示意图

【解】 (1)定额工程量

工程量 = 2×1.8 = 3.60m²

注:2 为门洞口的宽,1.8 为高。

保温层厚150mm 的冷藏库门门樘制作安装套用基础定额7－151;

门扇制作安装套用基础定额7－152。

(2)清单工程量

工程量 = 1 樘

【附】 若该冷藏库要求一般,保温层厚度可选为100mm,此时,试计算其工程量。

【解】 (1)定额工程量

工程量 = 2×1.8 = 3.60m²

保温层厚100mm 的冷藏库门门樘制作安装套用基础定额7－149;

门扇制作安装套用基础定额7－150。

(2)清单工程量

工程量 = 1 樘

清单工程量计算见表5-34。

表5-34 清单工程量计算表

项目编码	项目名称	项目特征描述	计量单位	工程量
010501004001	特种门	两扇,尺寸2000mm×1800mm	樘	1

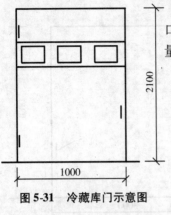

图 5-31　冷藏库门示意图

【例 5-31】　某冷藏库门如图 5-31 所示,保温层厚 100mm,洞口尺寸为 1m×2.1m,共有 6 樘,刷底油一遍,调和漆两遍,求工程量并套定额。

【解】　(1)定额工程量

工程量 $=1×2.1×6×1.7=21.42m^2$

门扇制作安装套用基础定额 7 – 150;

门樘制作安装套用基础定额 7 – 149。

(2)清单工程量

工程量 $=1×2.1×6=12.60m^2$

清单工程量计算见表 5-35。

表 5-35　清单工程量计算表

项目编码	项目名称	项目特征描述	计量单位	工程量
010501004001	特种门	冷藏库门,推拉式,单扇门,保温层厚 100mm	m^2	12.60

注:门定额工程量按洞口面积计算。门清单工程量计量单位为樘/m^2,按设计图示数量或洞口尺寸以面积计算。

【例 5-32】　某冷饮公司,为保证市场供应,欲新建一冷藏冻结间,要求规模较大,欲安装 2 樘门洞尺寸为 1800mm×1800mm,保温层厚为 150mm 的冷藏冻结间门,该冷藏冻结间门的示意图如图 5-32 所示,试计算其工程量。

【解】　(1)定额工程量

工程量 $=1.8×1.8×2=6.48m^2$

注:1.8 为冷藏冻结间门的宽和高,2 为门的樘数。

保温层厚度为 150mm 的冷藏冻结间门门樘制作安装套用基础定额 7 – 155;

门扇制作安装套用基础定额 7 – 156。

(2)清单工程量

工程量 =2 樘

【附】　若该冷藏冻结间要求不高,保温层厚度可选为 100mm,此时,试计算其工程量。

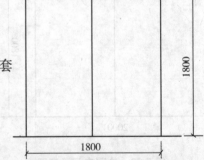

图 5-32　冷藏冻结间门示意图

【解】　(1)定额工程量

工程量 $=1.8×1.8×2=6.48m^2$

保温层厚度为 100mm 的冷藏冻结间门门樘制作安装套用基础定额 7 – 153;

门扇制作安装套用基础定额 7 – 154。

(2)清单工程量

工程量 =2 樘

清单工程量计算见表 5-36。

表 5-36　清单工程量计算表

项目编码	项目名称	项目特征描述	计量单位	工程量
010501004001	特种门	两扇,尺寸 1800mm×1800mm	樘	2

【例5-33】　某仓库采用框架式单面石棉板防火门20 樘,洞口尺寸为 1500mm × 1800mm 双扇平开,试计算其工程量。

【解】　(1)定额工程量

工程量 $= 1.5 \times 1.8 \times 20 = 54.00 \text{m}^2$

注:1.5 为门洞的宽,1.8 为门洞的高,20 为门的樘数。

框架式单面石棉板防火门门扇制作安装套用基础定额 7－160。

(2)清单工程量

工程量 = 20 樘

清单工程量计算见表 5-37。

表 5-37　清单工程量计算表

项目编码	项目名称	项目特征描述	计量单位	工程量
010501004001	特种门	框架式,单面石棉板防火门,尺寸 1500mm × 1800mm	樘	20

【例5-34】　某新建医院欲安装保温门45 樘,洞口尺寸为 1000mm × 1800mm,试计算其工程量。

【解】　(1)定额工程量

工程量 $= 1 \times 1.8 \times 45 = 81.00 \text{m}^2$

注:1 为保温门的洞口宽,1.8 为洞口高,45 为门的樘数。

保温门门框制作安装套用基础定额 7－161;

门扇制作安装套用基础定额 7－162。

(2)清单工程量

工程量 = 45 樘

清单工程量计算见表 5-38。

表 5-38　清单工程量计算表

项目编码	项目名称	项目特征描述	计量单位	工程量
010501004001	特种门	保温门,尺寸 1000mm × 1800mm	樘	45

【例5-35】　某电站安装 50 樘洞口尺寸为 1000mm × 2100mm 的变电室门,试计算其工程量。

【解】　(1)定额工程量

工程量 $= 1 \times 2.1 \times 50 = 105.00 \text{m}^2$

注:1 为变电室门洞的宽,2.1 为门洞的高,50 为门的樘数。

变电室门门扇制作安装套用基础定额 7－163。

(2)清单工程量

工程量 = 50 樘

清单工程量计算见表 5-39。

表 5-39　清单工程量计算表

项目编码	项目名称	项目特征描述	计量单位	工程量
010501004001	特种门	变电室门,尺寸 1000mm × 2100mm	樘	50

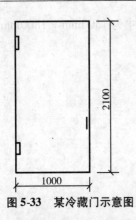

图 5-33　某冷藏门示意图

【例 5-36】　某仓库冷藏库门如图 5-33 所示,保温层厚 150mm,洞口尺寸 1m×2.1m,共 1 樘,求工程量。

【解】　(1)定额工程量

工程量 = 1(门的宽度)×2.1(门的高度)= 2.10m²

门樘制作安装套用基础定额 7 - 151;

门扇制作安装套用基础定额 7 - 152。

(2)清单工程量

工程量 = 1 樘

清单工程量计算见表 5-40。

表 5-40　清单工程量计算表

项目编码	项目名称	项目特征描述	计量单位	工程量
010501004001	特种门	平开,有框,一扇门,保温层厚 150mm	樘	1

【例 5-37】　求如图 5-34 ~ 图 5-36 所示折叠门工程量。

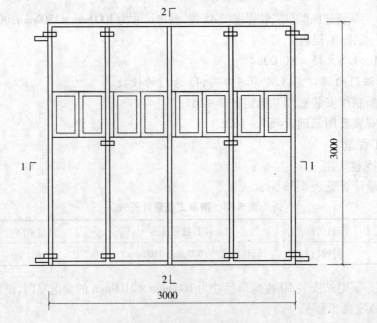

图 5-34　折叠门立面

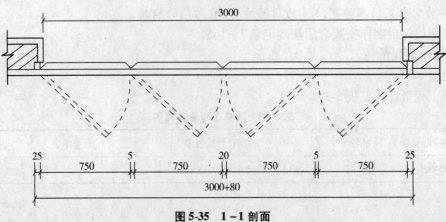

图 5-35　1 - 1 剖面

【解】 （1）定额工程量

工程量 = 3 × 3 = 9.00m²

注:3 为折叠门宽和高。

折叠门门扇制作套用基础定额 7 - 164;

门扇安装套用基础定额 7 - 165。

（2）清单工程量

工程量 = 1 樘

清单工程量计算见表 5-41。

表 5-41 清单工程量计算表

项目编码	项目名称	项目特征描述	计量单位	工程量
010501004001	特种门	折叠门,尺寸 3000mm × 3000mm	樘	1

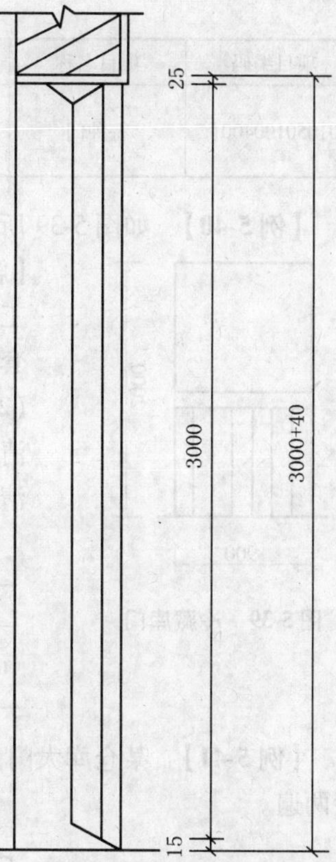

【例 5-38】 如图 5-37 所示,求冷藏库门保温层厚 150mm 的工程量。

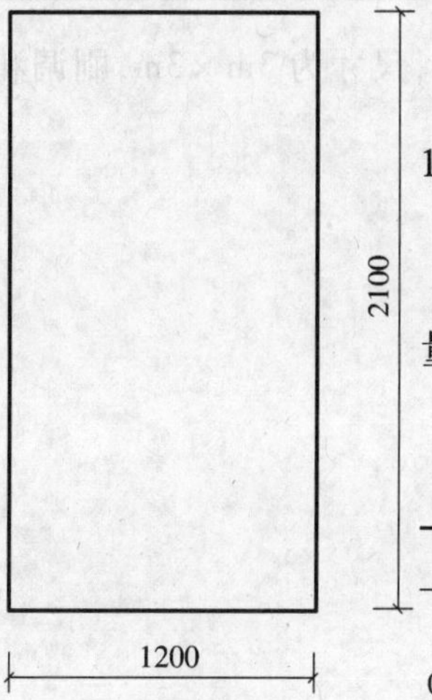

【解】 （1）定额工程量

工程量 = 2.1 × 1.2 = 2.52m²

套用基础定额 7 - 151、7 - 152。

（2）清单工程量

清单工程量计算同定额工程量。

清单工程量计算见表 5-42。

图 5-36 2 - 2 剖面

图 5-37 保温门

表 5-42 清单工程量计算表

项目编码	项目名称	项目特征描述	计量单位	工程量
010501004001	特种门	1. 冷藏库门,保温层厚 150mm 2.门的尺寸为 2.1m × 1.2m	m²	2.52

【例 5-39】 求如图 5-38 所示保温门工程量并套定额。

【解】 （1）定额工程量

工程量 = 0.9 × 2.0 = 1.80m²

门框制作安装套用基础定额 7 - 161;

门扇制作安装套用基础定额 7 - 162。

（2）清单工程量

清单工程量计算同定额工程量。

清单工程量计算见表 5-43。

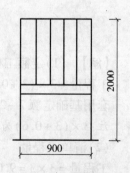

图 5-38 保温门

表5-43　清单工程量计算表

项目编码	项目名称	项目特征描述	计量单位	工程量
010501004001	特种门	1. 保温门 2. 尺寸为 0.9m×2.0m	m²	1.80

【例5-40】　如图5-39所示,冷藏库门保温层100mm厚,试求其工程量。

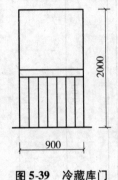

图5-39　冷藏库门

【解】　(1)定额工程量

工程量 $=0.9\times2.0=1.80\text{m}^2$

套用基础定额 7 - 149、7 - 150。

(2)清单工程量

清单工程量计算同定额工程量。

清单工程量计算见表5-44。

表5-44　清单工程量计算表

项目编码	项目名称	项目特征描述	计量单位	工程量
010501004001	特种门	1. 冷藏库门 2. 尺寸为 0.9m×2.0m	m²	1.80

【例5-41】　某仓库大门为卷闸门,如图5-40所示,铝合金材料,尺寸为3m×3m,刷调和漆两遍。

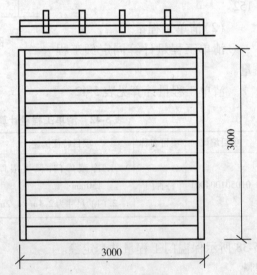

图5-40　某卷闸门示意图

【解】　(1)定额工程量

工程量 $=3\times(3+0.6)=10.80\text{m}^2$

套用基础定额 7 - 294。

注:$3\times(3+0.6)$为门的长度乘以宽度。

(2)清单工程量

工程量 $=3\times3=9.00\text{m}$

清单工程量计算见表5-45。

表 5-45　清单工程量计算表

项目编码	项目名称	项目特征描述	计量单位	工程量
010501004001	特种门	仓库卷闸门,铝合金材料,尺寸 3m×3m,刷调和漆两遍	m²	9.00

【例 5-42】　某变电室门如图 5-41 所示,洞口尺寸为 1.2m ×2.0m,共 3 樘,求工程量并套定额。

【解】　(1)定额工程量

工程量 = 1.2×2.0×3 = 7.20m²

套用基础定额 7 – 163。

注:1.2(洞口的宽度)×2.0(洞口的高度)×3 为 3 樘洞口的尺寸面积;工程量按设计图示数量或设计图示尺寸以洞口面积计算。

(2)清单工程量

清单工程量计算同定额工程量。

清单工程量计算见表 5-46。

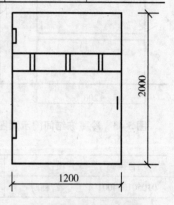

图 5-41　变电室门示意图

表 5-46　清单工程量计算表

项目编码	项目名称	项目特征描述	计量单位	工程量
010501004001	特种门	变电室门,平开,无框,单扇门,钢板门,刷底漆一遍,防锈漆两遍	m²	7.20

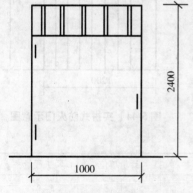

图 5-42　冷藏冻结间门示意图

【例 5-43】　某仓库共有 8 樘冷藏冻结间门,保温层厚度均为 100mm,洞口尺寸 1m×2.4m,如图 5-42 所示,求工程量并套定额。

【解】　(1)定额工程量

工程量 = 1×2.4×8 = 19.20m²

注:1(门的宽度)×2.4(门的高度)×8 为门的宽度乘以高度乘以樘数。

门樘制作安装套用基础定额 7 – 153;

门扇制作安装套用基础定额 7 – 154。

(2)清单工程量

工程量 = 8 樘

注:清单工程量计算规则按设计图示以数量计算。

清单工程量计算见表 5-47。

表 5-47　清单工程量计算表

项目编码	项目名称	项目特征描述	计量单位	工程量
010501004001	特种门	冷藏门,推拉式,单扇门,保温层厚 100mm	樘	8

注:门的定额工程量按洞口面积计算。门的清单工程量计量单位为樘/m²,按设计图示数量或洞口尺寸以面积计算。

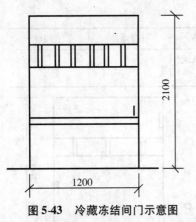

图 5-43　冷藏冻结间门示意图

【例 5-44】　如图 5-43 所示冷藏冻结间门共 6 樘,保温层厚 150mm,洞口尺寸为 1.2m×2.1m,求工程量并套定额。

【解】　(1)定额工程量

工程量 $= 1.2 \times 2.1 \times 6$

$\qquad = 15.12 \text{m}^2$

门樘制作安装套用基础定额 7 – 155;

门扇制作安装套用基础定额 7 – 156。

(2)清单工程量

工程量为 6 樘。

清单工程量计算见表 5-48。

表 5-48　清单工程量计算表

项目编码	项目名称	项目特征描述	计量单位	工程量
010501004001	特种门	冷藏门推拉式,单扇门,保温层厚 150mm	樘	6

注:门的定额工程量按洞口面积计算。清单工程量计量单位为樘/m²,按设计图示数量或洞口尺寸以面积计算。

【例 5-45】　某仓库采用实拼式防火门,双面石棉板,共 8 樘,洞口尺寸为 1.2m×2.1m,如图 5-44 所示,试计算其工程量并套定额。

【解】　(1)定额工程量

工程量 $=1.2$(防火门的宽度)$\times 2.1$(防火门的高度)$\times 8$

$\qquad = 20.16 \text{m}^2$

门扇制作安装套用基础定额 7 – 157。

(2)清单工程量

工程量 $= 8$ 樘

清单工程量计算见表 5-49。

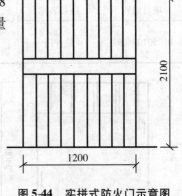

图 5-44　实拼式防火门示意图

表 5-49　清单工程量计算表

项目编码	项目名称	项目特征描述	计量单位	工程量
010501004001	特种门	防火门,平开式,单扇门,双面石棉板	樘	8

注:防火门定额工程量按洞口面积计算,清单工程量计量单位为樘/m²,按设计图示数量或洞口尺寸以面积计算。

【例 5-46】　某实拼式防火门如图 5-45 所示,采用单面石棉板,共 4 樘,洞口尺寸均为 1.2m×2.4m,求其工程量并套定额。

【解】　(1)定额工程量

工程量 $= (2.4 \times 1.2 + \dfrac{\pi \times 0.6^2}{2}) \times 4$

$\qquad = 13.78 \text{m}^2$

注:2.4(门的高度)×1.2(门的宽度)为门洞口的面积;$\dfrac{\pi \times 0.6(门上部拱形的半径)^2}{2}$ 为门上部拱形的半圆面积;4 为门的数量。

门扇制作安装套用基础定额 7 – 158。

（2）清单工程量

工程量 = 4 樘

注：清单工程量计算规则按设计图示以数量计算。

清单工程量计算见表 5-50。

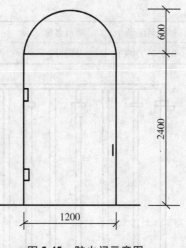

图 5-45　防火门示意图

表 5-50　清单工程量计算表

项目编码	项目名称	项目特征描述	计量单位	工程量
010501004001	特种门	防火门,平开式,单扇门,单面石棉板	樘	4

注：防火门定额工程量按洞口面积计算,清单工程量计量单位为樘/m²,按设计图示数量或洞口尺寸以面积计算。

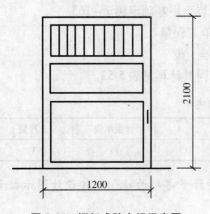

图 5-46　框架式防火门示意图

【例 5-47】　某框架式防火门如图 5-46 所示,洞口尺寸为 1.2m×2.1m,共有 3 樘,试计算其工程量并套定额。

【解】　（1）定额工程量

工程量 = 1.2（门的宽度）× 2.1（门的高度）× 3（门的数量）

= 7.56m²

门扇制作安装套用基础定额 7 – 160。

（2）清单工程量

工程量 = 3 樘

清单工程量计算见表 5-51。

表 5-51　清单工程量计算表

项目编码	项目名称	项目特征描述	计量单位	工程量
010501004001	特种门	防火门,推拉式,单扇门	樘	3

注：防火门的定额工程量按洞口面积计算,清单工程量计量单位为樘/m²,按设计图示数量或洞口尺寸以面积计算。

【例 5-48】　某保温门如图 5-47 所示,洞口尺寸为 1.2m × 2.4m,共有 8 樘,求保温门工程量并套定额。

【解】　（1）定额工程量

工程量 = 1.2（门的宽度）× 2.4（门的高度）× 8

= 23.04m²

门框制作安装套用基础定额 7 – 161;

门扇制作安装套用基础定额 7 – 162。

（2）清单工程量

工程量 = 8 樘

清单工程量计算见表 5-52。

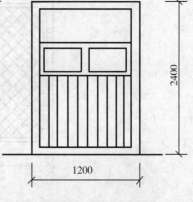

图 5-47　保温门示意图

表 5-52　清单工程量计算表

项目编码	项目名称	项目特征描述	计量单位	工程量
010501004001	特种门	保温门,平开式,单扇门,保温层厚150mm	樘	8

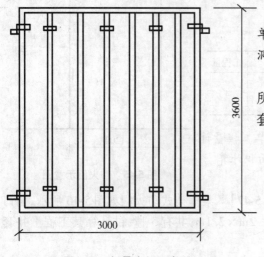

图 5-48　折叠大门示意图

注:保温门定额工程量按洞口面积计算,清单工程量计量单位为樘/m^2,按设计图示数量或洞口尺寸以面积计算。

【例 5-49】　某工程钢板折叠大门如图 5-48 所示,洞口尺寸为 3m×3.6m,试计算其工程量并套定额。

【解】　(1)定额工程量

工程量 = 3×3.6 = 10.80m^2

门扇制作套用基础定额 7 - 164;

门扇安装套用基础定额 7 - 165。

(2)清单工程量

工程量 = 1 樘

清单工程量计算见表 5-53。

表 5-53　清单工程量计算表

项目编码	项目名称	项目特征描述	计量单位	工程量
010501004001	特种门	折叠门,钢板	樘	1

注:折叠门定额工程量按洞口面积计算,清单工程量计量单位为樘/m^2,按设计图示数量或洞口尺寸以面积计算。

五、围墙铁丝门

【例 5-50】　某围墙大门采用钢管框铁丝门,如图 5-49 所示。门洞尺寸为 4×2.4m,求其工程量。

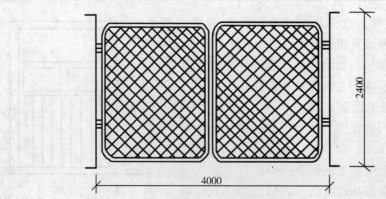

图 5-49　某铁丝门示意图

【解】　(1)定额工程量

工程量 = 4×2.4 = 9.60m^2

注:4(门的宽度)×2.4(门的高度)为门的面积;定额工程量按门窗洞口面积计算。

(2)清单工程量

工程量 =1 樘

清单工程量计算见表5-54。

表 5-54　清单工程量计算表

项目编码	项目名称	项目特征描述	计量单位	工程量
010501005001	围墙铁丝门	平开,无框,两扇门,刷底漆一遍,防锈漆两遍	樘	1

第二节　木屋架工程量计算

【例 5-51】　求如图 5-50 所示木屋架(不刨光)工程量并套定额。

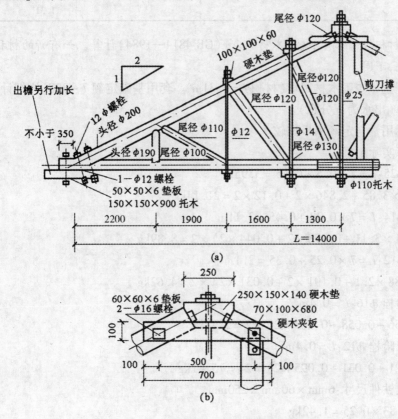

图 5-50　框架示意图

(a)屋架详图;(b)顶节点详图

【解】　(1)定额工程量

计算屋架的工程量比较复杂,应按设计图纸将各杆件的长度计算出来,然后按照它的大小和长度逐一计算出每一杆件的材积,并折算成原木材积。铁件按照图示尺寸逐一计算,如与定额用量相比,差距较大,就要调增或调减(木材材积计算见表5-55)。

表 5-55　木材材积计算表

杆件名称	直　径 （cm）	长　度 （m）	单根材积 （根）	杆件根数 （根）	材　积 （m³）	备　注
下弦	φ13	7 + 0.35 = 7.35	0.184	2	0.368	
上弦	φ12	7 × 1.118 = 7.826	0.151	2	0.302	
竖杆	φ10	7 × 0.13 = 0.91	0.008	2	0.016	按最低长
斜杆 1	φ12	7 × 0.45 = 3.15	0.043	2	0.086	度计算
斜杆 2	φ12	7 × 0.36 = 2.52	0.035	2	0.070	
斜杆 3	φ11	7 × 0.28 = 1.96	0.027	2	0.054	
水平撑	φ11	4.2	0.065	2	0.130	
剪刀撑	φ11	$\sqrt{4^2 + 3.5^2} = 5.315$	0.086	2	0.172	
托木	φ11	3.0	0.043	1	0.043	
方托木		0.9 × 0.15 × 0.15 × 2 × 1.7			0.069	
合计					1.31	

注：杉原木材积按国家标准《原木材积表》(GB 4814—1984)计算。如有新的材积规定，按新材积标准调整，下同。

木屋架工程量 = 竣工木材用量（材积）= 1.31m³。套用基础定额 7 - 328，详细计算如下：

① 木材计算（出水为五分水）。

② 铁件实际用量与定额用量比较。

a. 按图计算实际用量。

吊线螺栓 φ25：$L = 7 \times 0.5 + 0.45 = 3.95$m

重量：$3.95 \times 3.85 + 2.846 \times 2 + 0.12 \times 2 = 21.14$kg

吊线螺栓 φ14：$L = 7 \times 0.38 + 0.45 = 3.11$m

重量：$(1.21 \times 3.11 + 0.298 \times 2 + 0.044 \times 2) \times 2 = 8.89$kg

吊线螺栓 φ12：$L = 7 \times 0.25 + 0.35 = 2.1$m

重量：$(0.888 \times 2.1 + 0.191 \times 2 + 0.031 \times 2) \times 2 = 4.62$kg

顶节点保险栓 φ16：$L = 0.4$m

重量：$(0.756 + 0.058 + 0.163 \times 2) \times 2 = 2.28$kg

下弦节点保险栓 φ12：$L = 0.4$m

重量：$(0.421 + 0.031 + 0.095 \times 2) \times 24 = 15.41$kg

剪刀撑曲尺铁件尺寸：6mm × 60mm × 250mm

重量：$2 \times 2.83 \times 0.25 = 1.42$kg

剪刀撑螺栓 φ12：$L = 0.15$m

重量：$2 \times (0.888 \times 0.15 + 0.191 \times 2 + 0.031 \times 2) = 1.15$kg

剪刀撑螺栓 φ12：$L = 0.25$m

重量：$0.5 \times (0.888 \times 0.25 + 0.191 \times 2 + 0.031 \times 2) = 0.33$kg

水平撑螺栓 φ12：$L = 0.3$m

重量：$2 \times (0.888 \times 0.3 + 0.191 \times 2 + 0.031 \times 2) = 1.42$kg

端节点保险栓 $\phi12:L=0.5m$

重量:$(0.509+0.031+0.114\times2)\times2=1.54kg$

端节点保险栓 $\phi12:L=0.65m$

重量:$(0.643+0.031+0.191\times2)\times4=4.22kg$

蚂蝗钉 36 个:$0.32\times36=11.52kg$

铁件实际用量(加损耗 1%):$(21.36+8.89+4.62+2.28+15.41+1.42+1.15+0.33+$
$$1.42+1.54+4.22+11.52)\times(1+1\%)$$
$$=74.16\times1.01$$
$$=74.90kg$$

b. 按定额计算铁件含量:$1.31\times144.43=189.20kg$

注:每立方米竣工木料定额中铁件含量见基础定额 7－328。

c. 定额与实际用量之差:$189.20-74.90=114.30kg$(即每榀屋架少于定额用量的数值)

在基础定额第七章第 2 节木屋中查得,10m 以上的普通圆木人字屋架应套基础定额 7－328。

在定额中每立方米竣工木料的铁件含量为189.20kg,而实际铁件用量只有74.90kg,因此每立方米的木屋架竣工木料应调减铁件114.30kg,乘以相应的单价,即得应调减的工程费用。

(2)清单工程量

清单工程量按榀计,由题意可知为 1 榀。

清单工程量计算见表5-56。

表 5-56　清单工程量计算表

项目编码	项目名称	项目特征描述	计量单位	工程量
010502001001	木屋架	1. 跨度 14m 2. 木屋架	榀	1

【例 5-52】　某木屋架屋面如图 5-51 所示,试求有关工程量。

【解】　(1)定额工程量

①木屋架计算。

原木计算:按国家标准规定的原木材积表及有关公式计算。各杆件长度按屋架构件长度系数计算,计算结果见表 5-57。

枋料计算:顶点夹板、顶点硬木、下弦节点等附属枋料按规则不另计算。

挑檐木:$0.15\times0.15\times1.0\times2=0.045m^3$

套用基础定额 7－327。

表 5-57　屋架原木计算表

名称	尾径(cm)	长度(m)	单根体积(m^3)	根　数	材积(m^3)
下弦	$\phi15$	$6+0.5=6.5$	0.2089	1	0.2089
上弦	$\phi13.5$	$6\times0.559=3.354$	0.0703	2	0.1406
竖杆	$\phi10$	$6\times0.125=0.75$	0.0068	2	0.0136
斜杆	$\phi11$	$6\times0.28=1.68$	0.0214	2	0.0428
合计					0.406

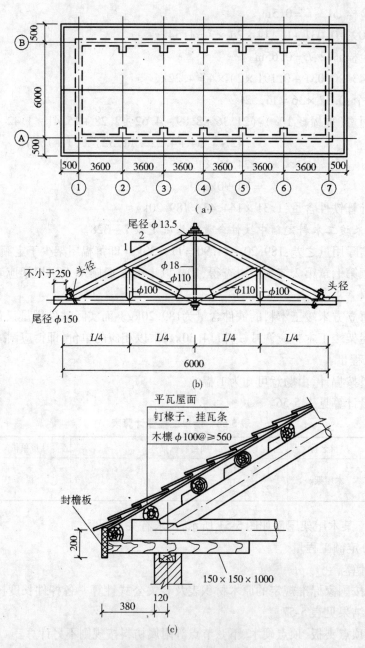

图 5-51 木屋架与木基层

(a)屋顶平面;(b)屋架示意图;(c)檐口节点大样

按计算规则规定,木夹板等方木折合圆木时应乘以1.7系数。

方木折成圆木:$0.045 \times 1.7 = 0.077 \text{m}^3$

合计:$0.406 + 0.077 = 0.48 \text{m}^3$

套用基础定额 7-327。

②圆木简支檩(不刨光)计算。

每一开间的檩条根数:$(6 + 0.5 \times 2) \times 1.118(坡度系数) \times \dfrac{1}{0.56} + 1 = 15$ 根

每根檩条增加的接头长度：$\left[(3.6\times6+0.5\times2)\times5\%\right]\times\dfrac{1}{10(接头数)}=0.113\text{m}$

材积计算如下。

$\phi10$，长4.11m：$15\times2\times0.0455=1.365\text{m}^3$

$\phi10$，长3.61m：$15\times4\times0.0391=2.346\text{m}^3$

（0.0455，0.0391均为每根杉原木的材积。）

材积合计：$1.365+2.346=3.71\text{m}^3$

套用基础定额7-338。

③檩条上钉椽子、挂瓦条计算。

$(3.6\times6+0.5\times2)\times(6+0.5\times2)\times1.118=176.87\text{m}^2$

套用基础定额7-343。

④瓦屋面钉封檐板、博风板计算。

封檐板按檐口外围长度计算，博风板按斜长计算，每个大刀头增加长度500mm。

$\left[3.6\times6+0.5\times2+(6+0.5\times2)\times1.118\right]\times2+0.5\times4=62.85\text{m}$

套用基础定额7-348。

（2）清单工程量

清单工程量计算见表5-58。

表5-58　清单工程量计算表

序号	项目编码	项目名称	项目特征描述	计量单位	工程量
1	010502001001	木屋架	7.0m 的跨度	榀	3
2	010503004001	其他木构件	封檐板、博风板	m	62.85

【例5-53】　有一厂房采用普通人字型圆木屋架如图 5-52 所示，原料为杉木，跨度 12m，坡度为 1/2，共有 6 榀，木屋架刷底油一遍，调和漆两遍，求木屋架工程量并套定额。

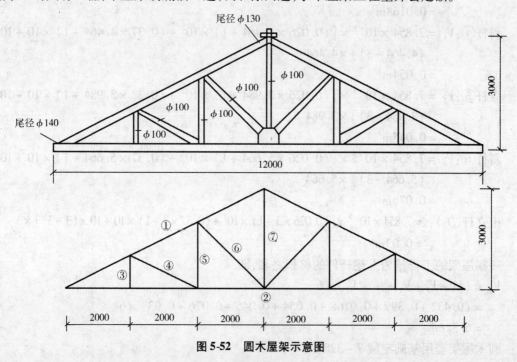

图5-52　圆木屋架示意图

【解】 (1)定额工程量

该屋架坡度为1/2,即高跨比为1/4,跨度为12m。

查表5-59得各杆长度计算如下。

上弦杆①:$12 \times 0.559 \times 2 = 13.416$m(2根)

下弦杆②:12m(1根)

立杆③:$12 \times 0.083 \times 2 = 1.992$m(2根)

斜杆④:$12 \times 0.186 \times 2 = 4.464$m(2根)

立杆⑤:$12 \times 0.166 \times 2 = 3.984$m(2根)

斜杆⑥:$12 \times 0.236 \times 2 = 5.664$m(2根)

中立杆⑦:$12 \times 0.250 \times 1 = 3$m(1根)

材料体积按下式计算:

$$V = 7.854 \times 10^{-5} [(0.026L+1)D^2 + (0.37L+1)D + 10(L-3)] \times L$$

式中　V——杉圆木材积(m^3);

　　　L——杉圆木材长(m);

　　　D——杉圆木小头直径(cm)。

上弦杆①:$V_1 = 7.854 \times 10^{-5} \times [(0.026 \times 13.416+1) \times 13^2 + (0.37 \times 13.416+1) \times 13 + 10$
$\times (13.416-3)] \times 13.416$
$= 0.432m^3$

下弦杆②:$V_2 = 7.854 \times 10^{-5} \times [(0.026 \times 12+1) \times 14^2 + (0.37 \times 12+1) \times 14 + 10 \times$
$(12-3)] \times 12$
$= 0.399m^3$

立杆③:$V_3 = 7.854 \times 10^{-5} \times [(0.026 \times 1.992+1) \times 10^2 + (0.37 \times 1.992+1) \times 10 + 10 \times$
$(1.992-3)] \times 1.992$
$= 0.0168m^3$

斜杆④:$V_4 = 7.854 \times 10^{-5} \times [(0.026 \times 4.464+1) \times 10^2 + (0.37 \times 4.464+1) \times 10 + 10 \times$
$(4.464-3)] \times 4.464$
$= 0.054m^3$

立杆⑤:$V_5 = 7.854 \times 10^{-5} \times [(0.026 \times 3.984+1) \times 10^2 + (0.37 \times 3.984+1) \times 10 + 10 \times$
$(3.984-3)] \times 3.984$
$= 0.045m^3$

斜杆⑥:$V_6 = 7.854 \times 10^{-5} \times [(0.026 \times 5.664+1) \times 10^2 + (0.37 \times 5.664+1) \times 10 + 10 \times$
$(5.664-3)] \times 5.664$
$= 0.076m^3$

中立杆⑦:$V_7 = 7.854 \times 10^{-5} \times [(0.026 \times 3+1) \times 10^2 + (0.37 \times 3+1) \times 10 + 10 \times (3-3)] \times 3$
$= 0.03m^3$

一榀屋架的工程量为上述杆件的材积之和,即

$V_总 = (V_1 + V_2 + V_3 + \cdots + V_7) \times 6$

$= (0.432+0.399+0.0168+0.054+0.045+0.076+0.03) \times 6$

$= 6.32m^3$

圆木屋架套用基础定额7-328。

注:①按公式 $7.854 \times 10^{-5}\left[(0.026L+1)D^2 + (0.37L+1)D + 10(L-3)\right] \times L$ 计算一榀屋架的上述杆件的材积工程量,其工程量计算规则按设计图示尺寸以体积计算。

②刷油漆工程量计算时按其他木材面油漆工程量系数表规定乘以系数 1.79 计算。

③定额工程量按设计断面竣工木材以 m^3 计算,清单工程量计量单位为榀,按设计图示数量计算。

表 5-59   屋架杆长计算表

屋面坡度 H/L 杆件	1/5	1/4	1/3	1/2
	21.80°	26.57°	33.69°	45°
上弦杆①	0.539	0.559	0.600	0.707
下弦杆②	1	1	1	1
立杆③	0.067	0.083	0.111	0.167
斜杆④	0.180	0.186	0.200	0.333
立杆⑤	0.134	0.166	0.222	0.334
斜杆⑥	0.213	0.236	0.401	0.373
中立杆⑦	0.200	0.250	0.333	0.500

(2)清单工程量

工程内容包括圆木制作安装及刷油漆。

工程量 = 6 榀

因杉圆木制作安装对应建筑工程定额子目计量单位为 m^3,刷油漆对应装饰装修工程综合定额子目为 $100m^2$,因此在进行综合单价计算时,先按定额计算规则计算工程量,再按清单计价单位折合成每榀的综合计价。

①圆木屋架制作、安装工程量计算。

工程量 $= V_{总} = (V_1 + \cdots + V_7) \times 6 = 6.32m^3$(计算方法同定额)

②圆木屋架刷油漆工程量计算。

每榀工程量 $= \dfrac{1}{2} \times 12 \times 3 \times 1.79 = 32.22m^2$

总工程量 $V = 32.22 \times 6 = 193.32m^2$

注:圆木屋架制作、安装工程量是以屋架的截面积乘以长度。$\dfrac{1}{2} \times 12$(屋架的底部的长度)$\times 3$(屋架的高度)$\times 1.79$(系数值)为三角屋架的面积乘以查表系数,圆木屋架刷油漆工程量工程量按设计图示尺寸以数量计算。

清单工程量计算见表 5-60。

表 5-60   清单工程量计算表

项目编码	项目名称	项目特征描述	计量单位	工程量
010502001001	木屋架	跨度 12m,杉木,上弦杆 $\phi130$,腹杆 $\phi100$,刷底油一遍,调和漆两遍	榀	6

【例 5-54】 某工程采用如图 5-53 所示圆钢木屋架,上弦、斜撑为杉木原料,下弦、立杆采用钢管制,屋架跨度为 12m,坡度 1/2,共 8 榀,钢木屋架刷底油一遍,调和漆两遍,求圆钢木屋

架工程量并套定额。

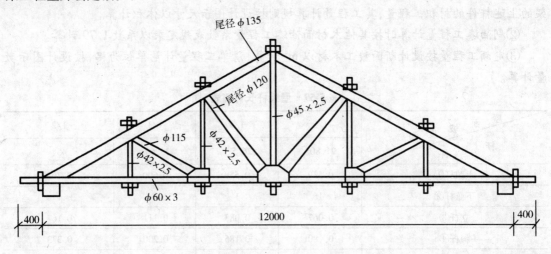

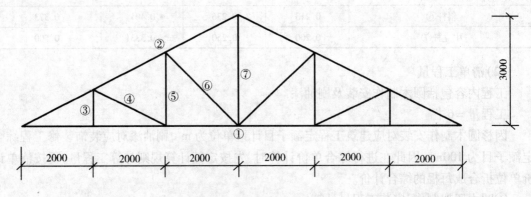

图 5-53 圆钢木屋架示意图

【解】 (1)定额工程量

该屋架跨度 12m,高 3m,即坡度为 1/2,高跨比为 1/4。

查表 2-3 得,各杆长度计算如下。

下弦杆①:12m(1 根)

上弦杆②:$12 \times 0.559 \times 2 = 13.416$m(2 根)

立杆③:$12 \times 0.083 \times 2 = 1.992$m(2 根)

斜杆④:$12 \times 0.186 \times 2 = 4.464$m(2 根)

立杆⑤:$12 \times 0.166 \times 2 = 3.984$m(2 根)

斜杆⑥:$12 \times 0.236 \times 2 = 5.664$m(2 根)

中立杆⑦:$12 \times 0.250 \times 1 = 3$m(1 根)

上弦和斜撑采用杉木,竣工体积按下式计算。

$$V = 7.854 \times 10^{-5} \times [(0.026L + 1)D^2 + (0.37L + 1)D + 10(L - 3)] \times L$$

式中 V——杉圆木材积(m^3);

   L——杉圆木材长(m);

   D——杉圆木小头直径(cm)。

上弦②:$V_2 = 7.854 \times 10^{-5} \times [(0.026 \times 13.416 + 1) \times 13.5^2 + (0.37 \times 13.416 + 1) \times 13.5 +$

$$10 \times (13.416 - 3)] \times 13.416$$
$$= 0.454 m^3$$

斜杆④：$V_4 = 7.854 \times 10^{-5} \times [(0.026 \times 4.464 + 1) \times 11.5^2 + (0.37 \times 4.464 + 1) \times 11.5 +$
$$10 \times (4.464 - 3)] \times 4.464$$
$$= 0.068 m^3$$

斜杆⑥：$V_6 = 7.854 \times 10^{-5} \times [(0.026 \times 5.664 + 1) \times 12^2 + (0.37 \times 5.664 + 1) \times 12 + 10 \times$
$$(5.664 - 3)] \times 5.664$$
$$= 0.094 m^3$$

下弦和立杆为钢制,钢材尺寸以 t 计算。

下弦杆①：$m_1 = (12 + 0.4 \times 2) \times 4.22 = 54.016 kg$

立杆③：$m_3 = 1.992 \times 2.44 = 4.86 kg$

立杆⑤：$m_5 = 3.984 \times 2.44 = 9.721 kg$

立杆⑦：$m_7 = 3 \times 2.62 = 7.86 kg$

8 榀圆木总体积：$V = 8 \times (V_2 + V_4 + V_6)$
$$= 8 \times (0.454 + 0.068 + 0.094)$$
$$= 4.93 m^3$$

8 榀共用钢材：$m = 8 \times (m_1 + m_3 + m_5 + m_7)$
$$= 8 \times (54.016 + 4.86 + 9.721 + 7.86)$$
$$= 611.66 kg = 0.61 t$$

圆木钢屋架套用基础定额 7 – 331。

注：①$(12 \times 0.559 \times 2)$ 为上弦杆的长度;按公式 $7.854 \times 10^{-5} \times [(0.026L + 1) D^2 + (0.37L + 1) D + 10(L - 3)] \times L$ 计算竣工体积;其工程量按设计图示尺寸以体积计算。$(12 + 0.4 \times 2)$（下弦杆的长度）$\times 4.22$（钢材的理论质量）为下弦杆的长度乘以每米钢材的重量;钢材工程量按设计图示尺寸以重量计算。

②刷油漆工程是计算时按其它木材面油漆工程量系数表规定乘以系数 1.79 计算。

③定额工程量按设计断面竣工木材以 m^3 计算。

(2)清单工程量

工程内容包括圆木制作安装及刷油漆。

工程量 = 8 榀

因杉圆木制作、安装对应建筑工程定额子目计量单位为 m^3,刷油漆对应装饰装修工程综合定额子目为 $100 m^2$,因此在进行综合单价计算时,先按定额计算规则计算工程量,再按清单计价单位折合成每榀的综合单价。

①圆木钢屋架制作、安装工程量计算。

工程量 $= 8 \times (V_1 + V_4 + V_6)$
$$= 8 \times (0.454 + 0.068 + 0.094)$$
$$= 4.93 m^3$$

②圆木屋架刷油漆工程量计算。

每榀工程量 $= \frac{1}{2} \times 12 \times 3 \times 1.79 = 32.22 m^2$

总工程量 $V = 8 \times 32.22 = 257.76 m^2$

注:圆木屋架制作、安装工程量是以屋架的截面积乘以长度。$\frac{1}{2} \times 12$(屋架底部的长度)$\times 3$(屋架的高度)$\times 1.79$(系数值)为三角屋架的面积乘以查表得出的系数,工程量按设计图示以数量计算。

清单工程量计算单位为榀,按设计图示数量计算。

清单工程量计算见表5-61。

表5-61　清单工程量计算表

项目编码	项目名称	项目特征描述	计量单位	工程量
010502002001	钢木屋架	跨度12m,上弦、斜撑为杉木,下弦、立杆为钢管,刷底油一遍,调和漆两遍	榀	8

【例5-55】　如图5-54所示,求12m跨度方木屋架工程量。

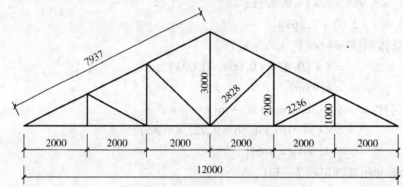

图5-54　12m跨度方木屋架立面示意图

【解】　(1)定额工程量

竣工木料定额工程量如下。

上弦工程量:$7.937 \times 0.12 \times 0.21 \times 2 = 0.4\text{m}^3$

下弦工程量:$(12 + 0.4 \times 2) \times 0.12 \times 0.21 = 0.323\text{m}^3$

斜撑工程量:$2.828 \times 0.12 \times 0.12 \times 2 = 0.081\text{m}^3$

斜撑工程量:$2.236 \times 0.12 \times 0.095 \times 2 = 0.051\text{m}^3$

挑檐木:$0.12 \times 0.12 \times 1.5 \times 2 = 0.043\text{m}^3$

方木竣工木料工程量合计:$0.4 + 0.323 + 0.081 + 0.051 + 0.043 = 0.90\text{m}^3$

套用基础定额7-330。

(2)清单工程量

清单工程量计算见表5-62。

表5-62　清单工程量计算表

序号	项目编码	项目名称	项目特征描述	计量单位	工程量
1	010502001001	木屋架	1. 跨度12m 2. 方木屋架	榀	1
2	010503004001	其他木构件	斜撑	m³	0.13

【例5-56】　如图5-55所示为一圆桩架(不刨光),计算桩架工程量。(杆件长度可查表5-63)

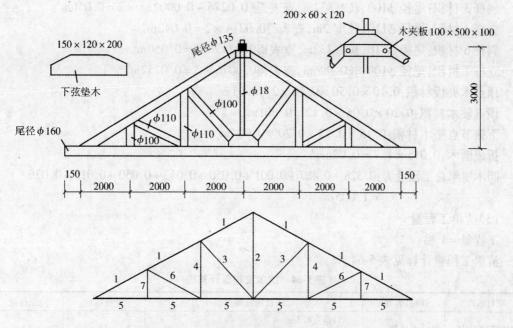

图 5-55　圆桩架

表 5-63　六节间屋架杆件长度系数表

坡度 杆件	1/6 18°26′	1/5 21°48′	1/4.5 24°	1/4 26°34′	1/3.464 30°
1	0.176	0.180	0.183	0.186	0.193
2	0.167	0.200	0.222	0.250	0.289
3	0.200	0.213	0.223	0.236	0.254
4	0.111	0.133	0.148	0.167	0.193
5	0.167	0.167	0.167	0.167	0.167
6	0.176	0.180	0.183	0.186	0.193
7	0.056	0.067	0.074	0.083	0.096

【解】　(1)计算长度

上弦 1 长度:$12 \times 0.186 \times 3 = 6.696m$(2 根)

下弦 5 长度:$12 + 0.15 \times 2 = 12.3m$

立杆 2 长度:$12 \times 0.250 = 3.0m$

斜杆 3 长度:$12 \times 0.236 = 2.832m$(2 根)

立杆 4 长度:$12 \times 0.167 = 2.0m$(2 根)

斜杆 6 长度:$12 \times 0.186 = 2.232m$(2 根)

立杆 7 长度:$12 \times 0.083 - 0.996m$(2 根)

(2)计算材积

上弦杆 1 材积:尾径 $\phi135$,长6.70m,查原木材积表得$(0.141 + 0.023) \times 2 = 0.328m^3$

下弦杆 5 材积:尾径 $\phi160$,长12.3m,查表得$0.481 + 0.063 = 0.487m^3$

立杆 2 材积:$\dfrac{\pi}{4} \times 0.018^2 \times 3 = 0.001m^3$

斜杆 3 材积:尾径 $\phi100$,长 2.832m,查表得 $(0.0276 + 0.00023) \times 2 = 0.056m^3$

立杆 4 材积:尾径 $\phi110$,长度 2m,查表得 $0.0214 \times 2 = 0.042m^3$

斜杆 6 材积:尾径 $\phi110$,长 2.232m,查表得 $0.0245 \times 2 = 0.050m^3$

立杆 7 材积:尾径 $\phi100$,长 0.996m,查表得 $0.0076 \times 2 = 0.0152m^3$

顶点木夹板材积:$0.10 \times 0.50 \times 0.10 \times 2 = 0.01m^3$

顶点硬木材积:$0.20 \times 0.06 \times 0.12 = 0.001m^3$

下弦节点垫木材积:$0.15 \times 0.12 \times 0.20 = 0.004m^3$

折成圆木:$0.015 \times 1.7 = 0.026m^3$

圆木屋架总工程量为:$0.328 + 0.487 + 0.001 + 0.056 + 0.042 + 0.050 + 0.015 + 0.026$

$$= 1.005m^3$$

(3)清单工程量

工程量 = 1 榀

清单工程量计算见表 5-64。

表 5-64 清单工程量计算表

项目编码	项目名称	项目特征描述	计量单位	工程量
010502001001	木屋架	1.跨度4.3m 2.木屋架	榀	1

【例 5-57】 如图 5-56 所示方木钢屋架,试计算方木屋架工程量及竣工木料的项目直接费。

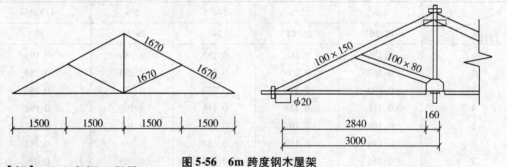

图 5-56 6m 跨度钢木屋架

【解】 (1)定额工程量

上弦定额工程量:$1.670 \times 0.1 \times 0.15 \times 4 = 0.100m^3$

斜腹杆定额工程量:$1.670 \times 0.1 \times 0.08 \times 2 = 0.027m^3$

套用基础定额 7 - 334。

竣工木料的项目直接费:$3124.31 \times (0.100 + 0.027) = 396.79$ 元

(2)清单工程量

工程量 = 1 榀

清单工程量计算见表 5-65。

表 5-65 清单工程量计算表

项目编码	项目名称	项目特征描述	计量单位	工程量
010502002001	钢木屋架	1.跨度6m 2.钢木材料	榀	1

【例 5-58】 如图 5-57 所示,求方木屋架工程量。

【解】 (1)定额工程量

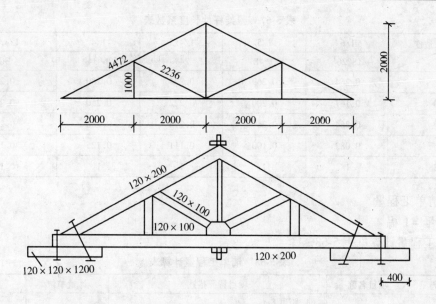

图 5-57　8m 跨屋架示意图

上弦定额工程量:$0.12 \times 0.20 \times 4.472 \times 2 = 0.215 \text{m}^3$

下弦定额工程量:$0.12 \times 0.2 \times 8 + 0.12 \times 0.12 \times 1.2 \times 2 = 0.227 \text{m}^3$

立杆定额工程量:$0.12 \times 0.1 \times 1.0 \times 2 = 0.024 \text{m}^3$

斜撑定额工程量:$0.12 \times 0.1 \times 2.236 \times 2 = 0.054 \text{m}^3$

竣工木料定额工程量合计:$0.215 + 0.227 + 0.024 + 0.054 = 0.52 \text{m}^3$

套用基础定额 7 - 329。

(2)清单工程量

工程量 = 1 榀

清单工程量计算见表 5-66。

表 5-66　清单工程量计算表

项目编码	项目名称	项目特征描述	计量单位	工程量
010502001001	木屋架	1. 跨度 8m 2. 方木屋架	榀	1

【例 5-59】　如图 5-58 所示,求木屋架各杆长度。

【解】　(1)定额工程量

查表 5-67 得①～⑤号的长度系数依

次为 0.280、0.250、0.280、0.125、1。

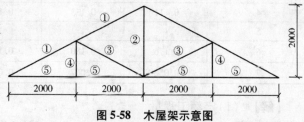

图 5-58　木屋架示意图

杆 1 长:$8.00 \times 0.280 \times 2 = 4.48 \text{m}$

杆 2 长:$8.00 \times 0.250 = 2.00 \text{m}$

杆 3 长:$8.00 \times 0.280 = 2.24 \text{m}$

杆 4 长:$8.00 \times 0.125 = 1.00 \text{m}$

杆 5 长:8.00m

表 5-67　屋架杆件长度系数表

坡度 杆件	1/6 18°26′	1/5 21°48′	1/4.5 24°	1/4 26°34′	1/3.464 30°
①	0.264	0.269	0.274	0.280	0.289
②	0.167	0.200	0.222	0.250	0.289
③	0.264	0.269	0.274	0.280	0.289
④	0.083	0.100	0.111	0.125	0.144
⑤	1	1	1	1	1

(2)清单工程量

工程量 = 1 榀

清单工程量计算见表 5-68。

表 5-68　清单工程量计算表

项目编码	项目名称	项目特征描述	计量单位	工程量
010502001001	木屋架	1. 跨度 8m 2. 方木屋架	榀	1

【例 5-60】　求如图 5-59 所示方木屋架的工程量。(杆件长度可查表 5-69)

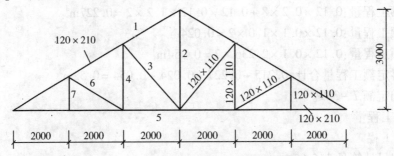

图 5-59　方木屋架
表 5-69　六节间屋架杆件长度系数表

坡度 杆件	1/6 18°26′	1/5 21°48′	1/4.5 24°	1/4 26°34′	1/3.464 30°
1	0.528	0.540	0.549	0.558	0.579
2	0.167	0.200	0.222	0.250	0.289
3	0.200	0.213	0.223	0.236	0.254
4	0.111	0.133	0.148	0.167	0.193
5	1	1	1	1	1
6	0.176	0.180	0.183	0.186	0.193
7	0.056	0.067	0.074	0.083	0.096

【解】　(1)定额工程量

①计算杆件长度。

杆 1 长:12.00 × 0.558 = 6.70m(2 根)

杆 2 长:12.00 × 0.250 = 3.00m

杆 3 长:12.00 × 0.236 = 2.83m(2 根)

杆 4 长:$12.00 \times 0.167 = 2.0m(2$ 根$)$

杆 5 长:$12.00m$

杆 6 长:$12.00 \times 0.186 = 2.23m(2$ 根$)$

杆 7 长:$12.00 \times 0.083 = 1.00m(2$ 根$)$

②求施工材积。

杆 1:$0.12 \times 0.21 \times 6.70 \times 2 = 0.34m^3$

杆 3:$0.12 \times 0.11 \times 2.83 \times 2 = 0.07m^3$

杆 4:$0.12 \times 0.11 \times 2.0 \times 2 = 0.05m^3$

杆 5:$0.12 \times 0.21 \times 12 = 0.30m^3$

杆 6:$0.12 \times 0.11 \times 2.23 \times 2 = 0.06m^3$

杆 7:$0.12 \times 0.11 \times 1.0 \times 2 = 0.03m^3$

竣工木料定额工程量合计:$0.34 + 0.07 + 0.05 + 0.30 + 0.06 + 0.03 = 0.85m^3$

套用基础定额 7 – 330。

(2)清单工程量

工程量 = 1 榀

清单工程量计算见表5-70。

表5-70　清单工程量计算表

项目编码	项目名称	项目特征描述	计量单位	工程量
010502001001	木屋架	1. 跨度 12m 2. 方木屋架	榀	1

【例5-61】　求如图5-60所示屋架各杆件长度。(杆件长度可查表5-71)。

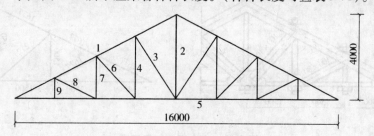

图5-60　屋架示意图

表5-71　八节间屋架杆件长度系数表

杆件 \ 坡度	1/6	1/5	1/4.5	1/4	1/3.464
	18°26′	21°45′	24°	26°34′	30°
1	0.528	0.540	0.548	0.560	0.576
2	0.167	0.200	0.222	0.250	0.289
3	0.177	0.195	0.208	0.225	0.250
4	0.125	0.150	0.167	0.187	0.217
5	1	1	1	1	1
6	0.150	0.160	0.167	0.177	0.191
7	0.083	0.100	0.111	0.125	0.145
8	0.132	0.135	0.137	0.140	0.144
9	0.042	0.050	0.056	0.063	0.072

【解】　(1)定额工程量

杆 1 长:$16.0 \times 0.560 = 8.96$m(2 根)

杆 2 长:$16.0 \times 0.25 = 4.00$m

杆 3 长:$16.0 \times 0.225 = 3.60$m(2 根)

杆 4 长:$16.0 \times 0.187 = 2.99$m(2 根)

杆 5 长:16.00m

杆 6 长:$16.0 \times 0.177 = 2.83$m(2 根)

杆 7 长:$16.0 \times 0.125 = 2.00$m(2 根)

杆 8 长:$16.0 \times 0.140 = 2.24$m(2 根)

杆 9 长:$16.0 \times 0.063 = 1.01$m(2 根)

套用基础定额 7 - 330。

(2)清单工程量

工程量 = 1 榀

清单工程量计算见表5-72。

表 5-72　清单工程量计算表

项目编码	项目名称	项目特征描述	计量单位	工程量
010502002001	钢木屋架	1. 跨度 16m 2. 屋架	榀	1

【例 5-62】　如图 5-61 所示,求方木钢屋架工程量。

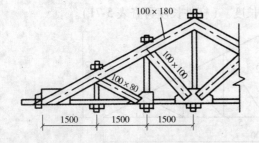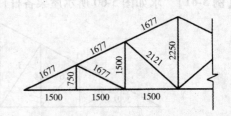

图 5-61　方木钢屋架示意图

【解】　(1)定额工程量

上弦工程量:$1.677 \times 3 \times 0.1 \times 0.18 \times 2$

$\qquad = 0.181$m^3

斜撑工程量:$1.677 \times 0.1 \times 0.08 \times 2 + 2.121 \times 0.1 \times 0.1 \times 2$

$\qquad = 0.0268 + 0.0424$

$\qquad = 0.069$m^3

合计:$0.181 + 0.069 = 0.25$m^3

套用基础定额 7 - 334。

(2)清单工程量

工程量 = 1 榀

清单工程量计算见表5-73。

表 5-73　清单工程量计算表

项目编码	项目名称	项目特征描述	计量单位	工程量
010502002001	钢木屋架	1. 跨度 9m 2. 方木钢屋架	榀	1

【例 5-63】　如图 5-62 所示钢木屋架,上弦、斜撑采用木材,下弦、中柱采用钢材,跨度 6m,共 8 榀,屋架刷调和漆两遍,求钢木屋架工程量。

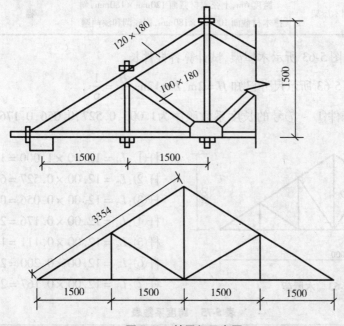

图 5-62　某屋架示意图

【解】　(1)定额工程量

每榀工程量如下。

上弦工程量 $= (3.354 \times 0.12 \times 0.18 \times 2) \times 8$

$\qquad\qquad = 1.16 \text{m}^3$

斜撑工程量 $= [3.354/2 \times 0.1(斜撑的截面宽度) \times 0.18(斜撑的截面长度) \times 2] \times 8$

$\qquad\qquad = 0.48 \text{m}^3$

刷油漆工程量 $= \dfrac{1}{2} \times 6 \times 1.5 \times 1.79 \times 8$

$\qquad\qquad = 64.44 \text{m}^2$

方木钢屋架套用基础定额 7 – 334。

注:3.354(上弦屋架的长度) $\times 0.12$(上弦屋架的截面宽度) $\times 0.18$(上弦屋架的截面长度) $\times 2$ 为上弦屋架的长度乘以屋架的截面积; $\dfrac{1}{2} \times 6$(屋架底的长度) $\times 1.5$(屋架的高度) $\times 1.79$(系数值)为屋架的面积乘以查表的定量值;定额工程量按门窗洞口面积计算。清单工程量计量单位为榀,按设计图示数量计算。

(2)清单工程量

工程内容包括方木制作、安装及刷油漆。

工程量 $= 8$ 榀

因钢木屋架制作安装对应建筑工程综合定额子目计量单位为 m³,刷油漆对应装饰装修工程综合定额子目为100m²,因此,在进行综合单价计算时,先按定额工程量计算规则计算工程量,再按清单计量单位折合成每榀综合计价。

清单工程量计算见表5-74。

表5-74　清单工程量计算表

项目编码	项目名称	项目特征描述	计量单位	工程量
010502002001	钢木屋架	跨度6m,上弦木材截面120mm×180mm,斜撑木材截面100mm×180mm,刷底调和漆两遍	榀	8

【例5-64】 如图5-63所示木屋架,试计算各杆件长。

【解】 根据图5-63所示尺寸已知 $H = 2\text{m}$,$L = 12\text{m}$,$\dfrac{H}{L} = \dfrac{1}{6}$。

查表5-75得杆件①～⑦号的长度系数顺序为1.000,0.527,0.056,0.176,0.111,0.200,0.167。

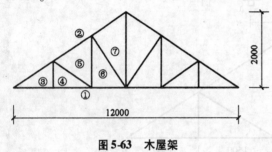

图5-63　木屋架

杆①:$L_1 = 12.00 \times 1.000 = 12.000\text{m}$

杆②:$L_2 = 12.00 \times 0.527 = 6.324\text{m}$

杆③:$L_3 = 12.00 \times 0.056 = 0.672\text{m}$

杆④:$L_4 = 12.00 \times 0.176 = 2.112\text{m}$

杆⑤:$L_5 = 12.00 \times 0.111 = 1.332\text{m}$

杆⑥:$L_6 = 12.00 \times 0.200 = 2.400\text{m}$

杆⑦:$L_7 = 12.00 \times 0.167 = 2.004\text{m}$

表5-75　跨度系数表

屋面坡度H／L 杆件	1/6 18°26′	1/5 21°48′	1/4.5 24°	1/4 26°34′	1/3.464 30°
①	1.000	1.000	1.000	1.000	1.000
②	0.527	0.539	0.549	0.559	0.577
③	0.056	0.067	0.074	0.083	0.095
④	0.176	0.180	0.183	0.186	0.192
⑤	0.111	0.133	0.148	0.167	0.192
⑥	0.200	0.213	0.223	0.236	0.254
⑦	0.167	0.200	0.222	0.250	0.289

【例5-65】 试计算如图5-64所示圆木普通人字屋架(共6榀)工程量。

【解】 (1)定额工程量

根据设计图标注该屋架上、下弦圆木梢径均为 φ140,斜撑、立杆梢径为 φ100。为此,先按表5-76中的数值计算出图5-64中"3"、"4"、"5"杆件的长度;再按材积表计算出各杆件的材积;最后计算出6榀屋架的材积。

①各杆件长度计算如下。

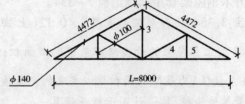

图5-64　8m跨木屋架示意图

上弦：$L = 4.472\text{m}$

下弦：$L = 8.0 + 0.4 \times 2 = 8.80\text{m}$

立柱：$L = 8.0 \times 0.25 = 2.00\text{m}$

立杆：$L = 8.0 \times 0.125 = 1.00\text{m}$

斜撑：$L = 8.0 \times 0.28 = 2.24\text{m}$

表 5-76　屋架杆件长度系数表

杆件编号	屋架坡度							
	26°34′				30°			
	屋架类型							
	A	B	C	D	A	B	C	D
1	1	1	1	1	1	1	1	1
2	0.559	0.559	0.559	0.559	0.557	0.557	0.557	0.557
3	0.250	0.250	0.250	0.250	0.289	0.289	0.289	0.289
4	0.280	0.236	0.225	0.224	0.289	0.254	0.250	0.252
5	0.125	0.167	0.188	0.200	0.144	0.193	0.216	0.231
6		0.186	0.177	0.180		0.193	0.191	0.200
7		0.083	0.125	0.150		0.096	0.145	0.168
8			0.140	0.141			0.143	0.153
9			0.063	0.100			0.078	0.116
10				0.112				0.116
11				0.050				0.058

②各杆件体积计算如下。

上弦：$V_1 = 0.089 \times 2 = 0.178\text{m}^3$

下弦：$V_2 = 0.084 \times 2 = 0.168\text{m}^3$（按 3.2m 长搭接计算）

杆件：$V_3 = 0.036 \times 6 = 0.216\text{m}^3$（按长度 2m 材积数值计算）

下弦接点方硬木：$V_4 = 0.6 \times 0.1 \times 0.1 \times 2 = 0.012\text{m}^3$

下弦端头方垫木：$V_5 = 0.12 \times 0.1 \times 1.2 \times 2 = 0.029\text{m}^3$

③每榀屋架竣工木料计算如下。

$$V = V_1 + V_2 + V_3 + V_4 + V_5$$
$$= 0.179 + 0.168 + 0.216 + 0.012 + 0.029$$
$$= 0.604\text{m}^3$$

④6 榀屋架竣工木料：$V_总 = 0.604 \times 6 = 3.624\text{m}^3$

套用基础定额 7 – 327。

（2）清单工程量

工程量 = 6 榀

清单工程量计算见表 5-77。

表 5-77　清单工程量计算表

项目编码	项目名称	项目特征描述	计量单位	工程量
010502001001	木屋架	1. 跨度 8m 2. 普通圆木人字屋架	榀	6

【例5-66】 有一圆木屋架如图5-65所示,试计算工程量。

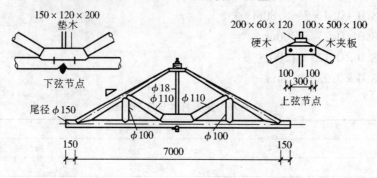

图5-65　木屋架

【解】 （1）定额工程量

该屋架设计坡水为$\frac{1}{2}$,即高跨比为$\frac{1}{4}$,跨度为7m,则各杆件长度(查表5-78)计算如下。

上弦杆:$7 \times 0.559 = 3.913$m

下弦杆:$7 + 0.15 \times 2 = 7.30$m

表5-78　屋架杆件长度系数表

屋架起拱度	高跨比 杆件号	1/6 18°26′	1/5 21°48′	1/4.5 24°	1/4 26°34′	1/3.464 30°
	上弦杆1	0.5270	0.5246	0.5472	0.5590	0.5772
	下弦杆5	1.0000	1.0000	1.0000	1.0000	1.0000
	中立杆2	0.1627	0.1960	0.2182	0.2460	0.2844
	斜杆3	0.1740	0.1922	0.2051	0.2220	0.2463
	立杆4	0.1220	0.1470	0.1637	0.1845	0.2133
$\frac{1}{250}$	斜杆6	0.1486	0.1582	0.1653	0.1747	0.1886
	立杆7	0.0813	0.0980	0.1091	0.1230	0.1422
	斜杆8	0.1311	0.1339	0.1360	0.1389	0.1433
	立杆9	0.0407	0.0490	0.0546	0.0615	0.0711

（续表）

屋架起拱度	高跨比 杆件号	1/6 18°26′	1/5 21°48′	1/4.5 24°	1/4 26°34′	1/3.464 30°
$\frac{1}{200}$	中立杆2	0.1617	0.1950	0.2172	0.2450	0.2834
	斜杆3	0.1732	0.1914	0.2043	0.2213	0.2455
	立杆4	0.1212	0.1463	0.1629	0.1838	0.2125
	斜杆6	0.1482	0.1578	0.1648	0.1742	0.1880
	立杆7	0.0808	0.0975	0.1086	0.1225	0.1417
	斜杆8	0.1310	0.1337	0.1358	0.1387	0.1431
	立杆9	0.0404	0.0488	0.0543	0.0613	0.0708
$\frac{1}{150}$	中立杆2	0.1600	0.1933	0.2155	0.2433	0.2817
	斜杆3	0.1721	0.1894	0.2030	0.2189	0.2440
	立杆4	0.1200	0.1450	0.1617	0.1825	0.2113
	斜杆6	0.1475	0.1570	0.1640	0.1734	0.1870
	立杆7	0.0800	0.0967	0.1078	0.1217	0.1409
	斜杆8	0.1307	0.1334	0.1355	0.1383	0.1427
	立杆9	0.0400	0.0483	0.0539	0.0608	0.0704

斜杆:7×0.222＝1.554m

竖杆:7×0.123＝0.861m

根据各杆件长查表5-79。

表5-79　原木材积表(部分)

检尺径 (cm)	检　尺　长(m)													
	1.4	1.6	1.8	2.0	2.2	2.4	2.5	2.6	2.8	3.0	3.2	3.4	3.6	3.8
	材　积(m³)													
4				0.0011	0.017	0.0053	0.0056	0.0059	0.0066	0.0073	0.0080	0.0088	0.0096	0.0104
6				0.0079	0.0089	0.0100	0.0105	0.0111	0.0122	0.0134	0.0147	0.0160	0.0173	0.0187
8	0.008	0.010	0.011	0.013	0.015	0.016	0.017	0.018	0.020	0.021	0.023	0.025	0.027	0.029
10	0.013	0.015	0.017	0.019	0.022	0.024	0.025	0.026	0.029	0.031	0.034	0.037	0.040	0.042
12				0.027	0.030	0.033	0.035	0.037	0.040	0.043	0.047	0.050	0.054	0.058
14				0.036	0.040	0.045	0.047	0.049	0.054	0.058	0.063	0.068	0.073	0.078
16				0.047	0.052	0.058	0.060	0.063	0.069	0.075	0.081	0.087	0.093	0.100
18				0.059	0.065	0.072	0.076	0.079	0.086	0.093	0.101	0.108	0.116	0.124
20				0.072	0.080	0.088	0.092	0.097	0.105	0.114	0.123	0.132	0.141	0.151
22				0.086	0.096	0.106	0.111	0.116	0.126	0.137	0.147	0.158	0.169	0.180
24				0.102	0.114	0.125	0.131	0.137	0.149	0.161	0.174	0.186	0.199	0.212
26				0.120	0.133	0.146	0.153	0.160	0.174	0.188	0.203	0.217	0.232	0.247
28				0.138	0.154	0.169	0.177	0.185	0.201	0.217	0.234	0.250	0.267	0.284
30				0.158	0.176	0.193	0.202	0.211	0.230	0.248	0.267	0.286	0.305	0.324
32				0.180	0.199	0.219	0.230	0.240	0.260	0.281	0.302	0.324	0.345	0.367
34				0.202	0.224	0.247	0.258	0.270	0.293	0.316	0.340	0.364	0.388	0.412
36				0.226	0.251	0.276	0.289	0.302	0.327	0.353	0.380	0.40	0.433	0.460
38				0.252	0.279	0.307	0.321	0.335	0.364	0.393	0.422	0.451	0.481	0.510
40				0.278	0.309	0.340	0.355	0.371	0.402	0.434	0.466	0.498	0.531	0.564

（续表）

检尺径 (cm)	检尺 长(m)													
	1.4	1.6	1.8	2.0	2.2	2.4	2.5	2.6	2.8	3.0	3.2	3.4	3.6	3.8
	材 积(m³)													
42				0.306	0.340	0.374	0.391	0.408	0.442	0.477	0.512	0.548	0.583	0.6
44				0.367	0.372	0.409	0.428	0.447	0.484	0.522	0.561	0.59	0.638	0.67
46				0.336	0.406	0.447	0.467	0.487	0.528	0.570	0.612	0.654	0.696	0.73
48				0.399	0.442	0.486	0.508	0.530	0.574	0.619	0.665	0.710	0.756	0.802
50				0.432	0.470	0.526	0.550	0.574	0.622	0.671	0.720	0.769	0.810	0.869
52				0.467	0.518	0.569	0.594	0.620	0.672	0.724	0.777	0.830	0.884	0.938
54				0.503	0.558	0613	0.640	0.668	0.724	0.780	0.837	0.894	0.951	1.009
56				0.541	0.599	0.658	0.688	0.718	0.777	0.838	0.899	0.960	1.021	1.083
58				0.580	0.642	0.705	0.737	0.769	0.833	0.898	0.963	1.028	1.094	1.160
60				0.620	0.687	0.754	0.788	0.822	0.890	0.959	1.029	1.099	0.169	1.239
62				0.661	0.733	0.804	0.841	0.877	0.950	1.023	1.097	1.172	1.248	1.321
64				0.704	0.780	0.857	0.895	0.934	1.011	1.089	1.168	1.247	1.326	1.406
66				0.749	0.829	0.910	0.951	0.992	1.074	1.157	1.241	1.325	1.409	1.493
68				0.794	0.880	0.966	1.099	1.052	1.140	1.227	1.316	1.405	1.494	1.583
70				0.841	0.931	1.022	1.068	1.114	1.207	1.300	1.393	1.487	1.581	1.676
72				0.890	0.985	1.081	1.129	1.178	1.276	1.374	1.473	1.572	1.671	1.771
74				0.939	1.040	1.141	1.192	1.244	1.347	1.450	1.554	1.659	1.764	1.869
76				0.990	1.096	1.203	1.257	1.311	1.419	1.528	1.638	1.748	1.859	1.969
78				1.043	1.154	1.267	1.323	1.380	1.494	1.609	1.724	1.840	1.956	2.073
80				1.096	1.214	1.332	1.391	1.451	1.571	1.691	1.812	1.934	2.056	2.178

检尺径 (cm)	检尺 长(m)												
	6.4	6.6	6.8	7.0	7.2	7.4	7.6	7.8	8.0	8.5	9.0	9.5	10.0
	材 积(m³)												
4	0.0252	0.0266	0.0281	0.0297	0.0313	0.0330	0.0347	0.0364	0.0382	0.0430	0.0481	0.0536	0.0594
6	0.0414	0.0436	0.0458	0.0481	0.0504	0.0528	0.0552	0.0578	0.0603	0.0671	0.0743	0.0819	0.0899
8	0.062	0.065	0.068	0.071	0.074	0.077	0.081	0.084	0.087	0.097	0.106	0.116	0.127
10	0.086	0.090	0.094	0.098	0.102	0.106	0.111	0.115	0.120	0.131	0.144	0.156	0.170
12	0.111	0.119	0.124	0.130	0.135	0.140	0.146	0.151	0.157	0.171	0.187	0.203	0.219
14	0.156	0.163	0.163	0.176	0.184	0.191	0.199	0.206	0.214	0.234	0.256	0.278	0.301
16	0.195	0.203	0.211	0.220	0.229	0.238	0.247	0.256	0.265	0.289	0.314	0.340	0.367
18	0.238	0.248	0.258	0.268	0.278	0.289	0.300	0.310	0.321	0.349	0.378	0.408	0.440
20	0.286	0.298	0.309	0.321	0.333	0.345	0.358	0.370	0.383	0.415	0.448	0.483	0.519
22	0.339	0.352	0.365	0.379	0.393	0.407	0.421	0.435	0.450	0.487	0.525	0.564	0.604
24	0.306	0.411	0.426	0.442	0.457	0.473	0.489	0.506	0.522	0.564	0.607	0.651	0.697
26	0.457	0.474	0.491	0.509	0.527	0.545	0.563	0.581	0.600	0.647	0.695	0.744	0.795
28	0.522	0.542	0.561	0.581	0.601	0.621	0.642	0.662	0.683	0.735	0.789	0.844	0.900
30	0.592	0.614	0.636	0.658	0.681	0.703	0.726	0.748	0.771	0.830	0.889	0.950	1.012
32	0.667	0.691	0.715	0.740	0.765	0.790	0.815	0.840	0.865	0.930	0.985	0.062	1.131
34	0.746	0.772	0.799	0.827	0.854	0.881	0.909	0.937	0.965	1.085	1.107	1.181	1.255
36	0.829	0.858	0.888	0.913	0.948	0.978	1.008	1.030	1.069	1.147	1.225	1.305	1.387
38	0.916	0.949	0.981	1.014	1.047	1.080	1.113	1.140	1.180	1.264	1.349	1.436	1.525
40	1.008	1.044	1.079	1.115	1.151	1.186	1.228	1.259	1.295	1.387	1.479	1.574	1.669

（续表）

检尺径 (cm)	检 尺 长（m）												
	6.4	6.6	6.8	7.0	7.2	7.4	7.6	7.8	8.0	8.5	9.0	9.5	10.0
	材 积（m³）												
42	1.105	1.143	1.182	1.221	1.259	1.298	1.337	1.377	1.416	1.517	1.615	1.717	1.820
44	1.206	1.247	1.289	1.331	1.373	1.415	1.457	1.500	1.542	1.649	1.757	1.867	1.978
46	1.311	1.356	1.401	1.446	1.492	1.537	1.583	1.628	1.674	1.789	1.905	2.023	2.142
48	1.421	1.469	1.518	1.566	1.615	1.664	1.713	1.762	1.811	1.935	2.059	2.185	2.812
50	1.535	1.587	1.639	1.691	1.743	1.796	1.848	1.001	1.954	2.086	2.219	2.354	2.489
52	1.653	1.700	1.765	1.821	1.877	1.933	1.989	2.045	2.101	2.248	2.385	2.528	2.673
54	1.776	1.835	1.895	1.955	2.015	2.075	2.135	2.195	2.255	2.405	2.557	2.709	2.863
56	1.903	1.967	2.080	2.094	2.158	2.222	2.286	2349	2.413	2.574	2.785	2.897	3.060
58	2.035	2.102	2.170	2.238	2.306	2.374	2.442	2.510	2.577	2.748	2.918	3.090	3.263
60	2.171	2.243	2.315	2.387	2.459	2.531	2.603	2.675	2.747	2.927	3.108	3.290	4.473
62	2.311	2.388	2.464	2.540	2.617	2.698	2.769	2.845					

上弦杆材积按 $\phi14$、长3.8m 查表得材积为$0.078 \times 2 = 0.156\text{m}^3$。

下弦杆材积按 $\phi16$、长7.2m 查表得材积为0.229m^3。

斜杆材积按 $\phi12$、长1.6m 计算。

一根材积：$\dfrac{0.7854 \times 1.6 \times (12.2 + 0.45 \times 1.6)^2}{10000} = 0.021\text{m}^3$

则两根斜杆材积：$0.021 \times 2 = 0.042\text{m}^3$

竖杆材积按 $\phi10$、长0.8m 计算。

一根材积：$\dfrac{0.7854 \times 0.8 \times (10.2 + 0.45 \times 0.8)^2}{10000} = 0.007\text{m}^3$

则两根竖杆材积：$0.007 \times 2 = 0.014\text{m}^3$

木屋架材积：$0.156 + 0.229 + 0.042 + 0.014 = 0.441\text{m}^3$

套用基础定额 7 – 327。

（2）清单工程量

工程量 =1 榀

清单工程量计算见表 5-80。

表 5-80　清单工程量计算表

项目编码	项目名称	项目特征描述	计量单位	工程量
010502001001	木屋架	1. 跨度7m 2. 圆木屋架	榀	1

【例5-67】　有一原料仓库,采用圆木木屋架,计 8 榀,如图 5-66 所示,屋架跨度为 8m,坡度为 $\dfrac{1}{2}$,4 节间,试计算该仓库屋架工程量。

【解】(1)定额工程量

①计算屋架各杆件长度。

为了简化屋架中杆件长度的计算,常用系数求解法计算各组成杆件的长度,该方法是将杆件长度以系数列表(表5-81),再按下式计算。

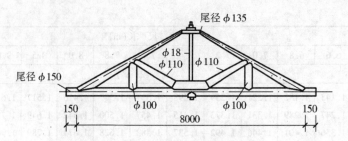

图5-66 木屋架

表5-81 屋架杆件长度系数表

形式\杆件\坡度	L=1				L=2				L=3				L=4			
	30°	1/2	1/2.5	1/3	30°	1/2	1/2.5	1/3	30°	1/2	1/2.5	1/3	30°	1/2	1/2.5	1/3
1	1	1	1	1	1	1	1	1	1	1	1	1	1	1	1	1
2	0.577	0.559	0.539	0.527	0.577	0.559	0.539	0.527	0.577	0.559	0.539	0.527	0.577	0.559	0.539	0.527
3	0.289	0.250	0.200	0.167	0.289	0.250	0.200	0.167	0.289	0.250	0.200	0.167	0.289	0.250	0.200	0.167
4	0.289	0.280	0.270	0.264		0.236	0.213	0.200	0.250	0.225	0.195	0.177	0.252	0.224	0.189	0.167
5	0.144	0.125	0.100	0.083	0.192	0.167	0.133	0.111	0.216	0.188	0.150	0.125	0.231	0.200	0.160	0.133
6					0.192	0.186	0.180	0.176	0.181	0.177	0.160	0.150	0.200	0.180	0.156	0.141
7					0.095	0.083	0.067	0.056	0.144	0.125	0.100	0.083	0.173	0.150	0.120	0.100
8									0.144	0.140	0.135	0.132	0.153	0.141	0.128	0.120
9									0.070	0.063	0.050	0.042	0.116	0.100	0.080	0.067
10													0.110	0.112	0.108	0.105
11													0.058	0.050	0.040	0.033

屋架杆件长度=屋架跨度×长度系数

其中,屋架杆件长度和屋架跨度以米(m)为单位。

杆件1(下弦杆):8+0.15×2=8.30m

杆件2(上弦杆2根):8×0.559×2=4.47×2=8.94m

杆件4(斜杆2根):8×0.28×2=2.24×2=4.48m

杆件5(竖杆2根):8×0.125×2=1×2=2.00m

②计算材积。

若屋架用杉圆木制作,其材积可按下式计算。

$$V=7.854\times10^{-5}\left[(0.026L+1)D^2+(0.37L+1)D+10(L-3)\right]L$$

式中 V——杉圆木材积(m^3);

   L——杉圆木材长(m);

   D——杉圆木小头直径(cm)。

杆件 1，下弦材积，以尾径 $\phi 15.0\text{cm}$、长 8.3m 代入上式计算。

$V_1 = 7.854 \times 10^{-5} \times \left[(0.026 \times 8.3 + 1) \times 15^2 + (0.37 \times 8.3 + 1) \times 15 + 10 \times (8.3 - 3) \right] \times 8.3$

$\quad = 0.2527\text{m}^3$

杆件 2，上弦杆 2 根，以尾径 $\phi 13.5\text{cm}$、长 4.47m 代入。

$V_2 = 7.854 \times 10^{-5} \times \left[(0.026 \times 4.47 + 1) \times 13.5^2 + (0.37 \times 4.47 + 1) \times 13.5 + 10 \times (4.47 - 3) \right] \times 4.47 \times 2$

$\quad = 0.1783\text{m}^3$

杆件 4，斜杆 2 根，以尾径 $\phi 11.0\text{cm}$、长 2.24m 代入。

$V_4 = 7.854 \times 10^{-5} \times \left[(0.026 \times 2.24 + 1) \times 11^2 + (0.37 \times 2.24 + 1) \times 11 + 10 \times (2.24 - 3) \right] \times 2.24 \times 2$

$\quad = 0.0494\text{m}^3$

杆件 5，竖杆 2 根，以尾径 $\phi 10\text{cm}$、长 1m 代入。

$V_5 = 7.854 \times 10^{-5} \times 1 \times \left[(0.026 \times 1 + 1) \times 100 + (0.37 \times 1 + 1) \times 10 + 10 \times (1 - 3) \right] \times 1 \times 2$

$\quad = 0.0151\text{m}^3$

按计算规则，附属于屋架的夹板、垫木、硬木已并入屋架制作项目中，不另行计算。

一榀屋架的工程量为上述各杆件材积之和，即

$V = V_1 + V_2 + V_4 + V_5 = 0.2527 + 0.1783 + 0.0494 + 0.0151 = 0.4955\text{m}^3$

③原料仓库屋架工程量。

竣工木料材积：$0.4955 \times 8 = 3.96\text{m}^3$

套用基础定额 7 - 327。

依据钢木屋架铁件参考表，本例每榀屋架铁件用量 20kg，则铁件总量为 $20 \times 8 = 160\text{kg}$。

(2)清单工程量

工程量 = 8 榀

清单工程量计算见表 5-82。

表 5-82　清单工程量计算表

项目编码	项目名称	项目特征描述	计量单位	工程量
010502001001	木屋架	1. 跨度 8m 2. 圆木木屋架	榀	8

【例 5-68】　如图 5-67 所示某杉方木屋架，跨度 12m，共 10 榀，木屋架刷底油一遍，调和漆两遍，求木屋架工程量。

【解】　(1)定额工程量

上弦工程量 $= 6.709 \times 0.12 \times 0.18 \times 2 = 0.29\text{m}^3$

下弦工程量 $= 12 \times 0.12 \times 0.2 = 0.29\text{m}^3$

斜撑①工程量 $= \sqrt{2^2 + 3^2} \times 0.08 \times 0.1 \times 2 = 0.06\text{m}^3$

斜撑②工程量 $= \sqrt{1^2 + 2^2} \times 0.08 \times 0.1 \times 2 = 0.04\text{m}^3$

方木屋架套用基础定额 7 - 330。

(2)清单工程量

工程内容包括方木制作、安装及刷油漆。

工程量 = 10 榀

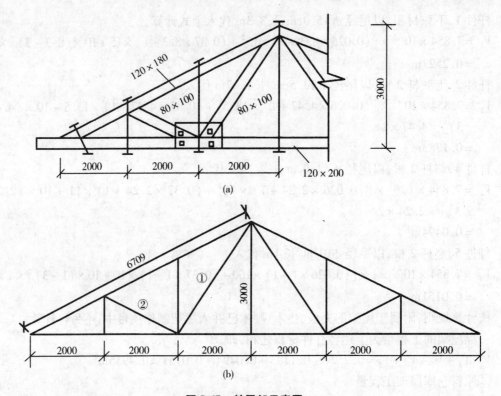

图 5-67　某屋架示意图
(a)屋架立面详图;(b)屋架示意图

因杉方木制作、安装对应综合定额子目计量单位为 m³,刷油漆对应装饰装修工程综合定额子目为 100m²,因此,在进行综合单价计算时,先按定额计算规则计算工程量,再按清单计量单位折合成每榀的综合计价。

①方木制作、安装每榀工程量计算如下。

上弦工程量 $= 6.709 \times 0.12 \times 0.18 \times 2 = 0.29\text{m}^3$

下弦工程量 $= 12 \times 0.12 \times 0.2 = 0.29\text{m}^3$

斜撑①工程量 $= \sqrt{2^2 + 3^2} \times 0.08 \times 0.1 \times 2 = 0.06\text{m}^3$

斜撑②工程量 $= \sqrt{1^2 + 2^2} \times 0.08 \times 0.1 \times 2 = 0.04\text{m}^3$

②方木屋架刷油漆工程量计算如下。

每榀工程量 $= \dfrac{1}{2} \times 12 \times 3 \times 1.79 = 32.22\text{m}^2$

清单工程量计量单位为榀,按设计图示数量计算。

注:6.709×2(上弦屋架的长度)×0.12(上弦屋架的截面宽度)×0.18(上弦屋架的截面长度)为上弦的长度乘以上弦屋架的截面面积;12(下弦屋架的长度)×0.12(下弦屋架的截面宽度)×0.2(下弦屋架截面的长度)为下弦的长度乘以下弦屋架的截面积;$\sqrt{2^2 + 3^2}$ 为斜撑①屋架的长度;$\sqrt{1^2 + 2^2}$ 为斜撑②屋架的长度;0.08(两侧屋架的截面宽度)×0.1(两侧屋架的截面长度)×2 为两侧屋架的截面积;$\dfrac{1}{2} \times 12$(屋架底的长度)×3(屋架的高度)为屋架顶的面积,1.79 为查表得系数。

清单工程量计算见表 5-83。

表 5-83　清单工程量计算表

项目编码	项目名称	项目特征描述	计量单位	工程量
010502001001	木屋架	跨度12m,上弦杆截面120×180,下弦杆截面120×200,腹杆截面80×100,刷底油一遍,调和漆两遍	榀	10

注:①刷油漆工程量计算时按其它木材面油漆工程量系数表规定乘以系数 1.79 计算。

②定额工程量按设计断面竣工木料以 m³ 计算。

第三节　木构件工程量计算

【例 5-69】　求如图 5-68a、b 所示圆木简支檩(不刨光)工程量并套定额。

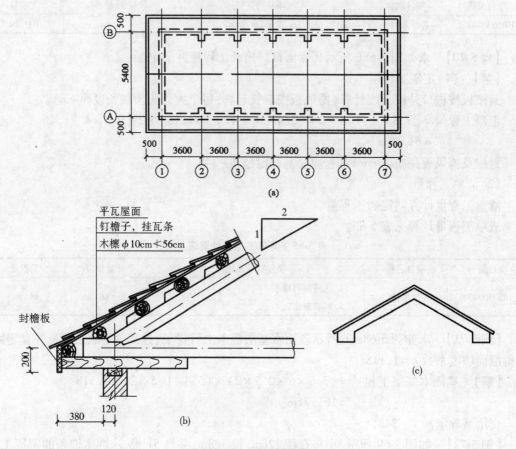

图 5-68　圆木简支檩

(a)屋顶平面;(b)檐口节点大样;(c)封檐板

【解】　(1)定额工程量

工程量等于圆木简支檩的竣工材积。

每一开间的檩条根数:$[(5.4+0.5\times2)\times1.118(坡度系数)]\times\dfrac{1}{0.56}+1=14$ 根

每根檩条按《全国统一建筑工程预算工程量计算规则》(GJDGZ 101—95)第7条规定增加长度计算方法如下。

$\phi 10$,长4.1m:$14 \times 2 \times 0.045 = 1.26m^3$

$\phi 10$,长3.7m:$14 \times 4 \times 0.040 = 2.24m^3$

0.045、0.040均为每根杉圆木的材积。

定额工程量:$1.26 + 2.24 = 3.50m^3$

套用基础定额7-327。

(2)清单工程量

$\phi 10$,长4.1m:$14 \times 4.1 = 57.40m$

$\phi 10$,长3.7m:$14 \times 3.7 = 51.80m$

工程量 $= 57.40 + 51.80 = 109.20m$

清单工程量计算见表5-84。

表5-84　清单工程量计算表

项目编码	项目名称	项目特征描述	计量单位	工程量
010503004001	其他木构件	$\phi 10$,长4.1m 和3.7m 檩木	m	109.20

【例5-70】　求如图5-68c 所示瓦屋面钉封檐板工程量并套定额。

【解】　(1)定额工程量

封檐板按檐口外围长度计算(博风板按斜长计算,每个大刀头增加长度50cm)。

定额工程量 $= [3.6 \times 6 + 0.5 \times 2 + (5.4 + 0.5 \times 2) \times 1.118] \times 2 + 0.5 \times 4$

$\qquad = 61.50m$

封檐及博风板高在20cm 以内,应套基础定额7-348。

(2)清单工程量

清单工程量计算同定额工程量。

清单工程量计算见表5-85。

表5-85　清单工程量计算表

项目编码	项目名称	项目特征描述	计量单位	工程量
010503004001	其他木构件	1. 瓦屋面封檐板 2. 木质封檐板	m	61.50

【例5-71】　求如图5-68a、b 所示屋面木基层檩条上钉椽子、挂瓦条定额工程量并套定额,查得屋面坡度系数 $c = 1.118$。

【解】　屋面木基层工程量 $= (3.6 \times 6 + 0.5 \times 2) \times (5.4 + 0.5 \times 2) \times 1.118$

$\qquad = 161.71m^2$

套用基础定额7-343。

【例5-72】　如图5-69 所示,小头直径12cm,长3.8m,共计51 根,求圆木檩条的定额工程量。

【解】　圆木檩条长度 $= 3.6 + 0.2 = 3.80m$

查材积表,小头直径12cm,长3.80m,材积为$0.056m^3$。

定额工程量 $= 51 \times 0.056 = 2.86m^3$

套用基础定额7-338。

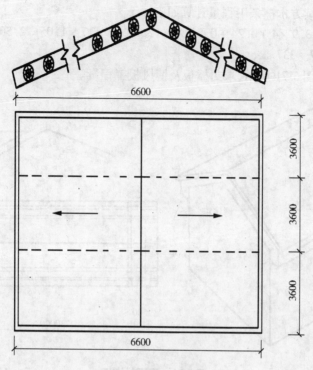

图 5-69　简支木檩条

（小头直径 12cm）

【例 5-73】　如图 5-70 所示,求屋面共 4×17 根连续方木檩条(刨光)的定额工程量(断面 70mm×120mm)。

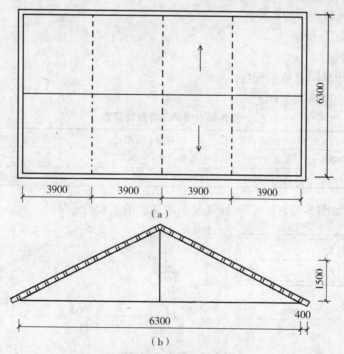

（a）

（b）

图 5-70　屋面连续木檩条

（a）屋架布置；（b）方木檩条布置

【解】 屋面连续方木檩条工程量计算如下。

定额工程量 = $(3.9 \times 4 + 0.24 + 0.8) \times 0.12 \times 0.07 \times 17 \times 1.05 = 2.50\text{m}^3$

套用基础定额 7 – 337。

【例 5-74】 如图 5-71 所示,求封檐板及博风板工程量。

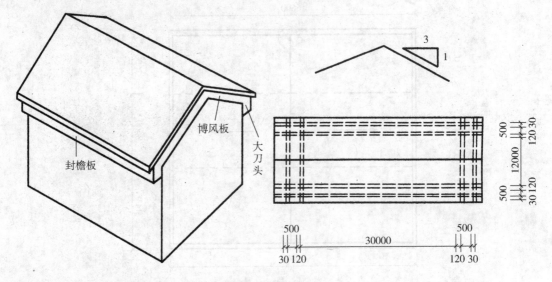

图 5-71 屋面封檐板

【解】 (1)定额工程量

封檐板定额工程量:$(30 + 0.12 \times 2 + 0.5 \times 2) \times 2 = 62.48\text{m}$

博风板定额工程量:$(12 + 0.12 \times 2 + 0.5 \times 2) \times 1.0541 \times 2 + 0.5 \times 4 = 29.91\text{m}$

合计:$62.48 + 29.91 = 92.39\text{m}$

套用基础定额 7 – 349。

(2)清单工程量

清单工程量计算同定额工程量。

清单工程量计算见表 5-86。

表 5-86 清单工程量计算表

序号	项目编码	项目名称	项目特征描述	计量单位	工程量
1	010503004001	其他木构件	封檐板	m	62.48
2	010503004002	其他木构件	博风板	m	29.91

【例 5-75】 如图 5-72a、b 所示,计算屋面木基层的工程量。

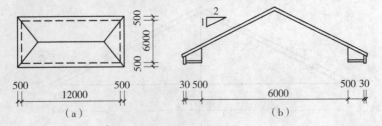

图 5-72 屋面木基层构造

(a)平面图;(b)侧面图

【解】　（1）定额工程量

根据图示条件，查屋面坡度系数表得 $c = 1.118$。

屋面木基层的定额工程量 $A = (12.00 + 0.50 \times 2) \times (6.00 + 0.50 \times 2) \times 1.118 = 101.74\text{m}^2$

套用基础定额 7 – 340。

（2）清单工程量

$L = 12 + 0.5 \times 2 = 13.00\text{m}$

清单工程量计算见表 5-87。

表 5-87　清单工程量计算表

项目编码	项目名称	项目特征描述	计量单位	工程量
010503004001	其他木构件	屋面木基层长 13m，宽 7.06m	m	13.00

【例 5-76】　如图 5-72 所示，计算封檐板和博风板的工程量。

【解】　（1）定额工程量

封檐板定额工程量：$L_1 = (12.00 + 0.50 \times 2) \times 2 = 26.00\text{m}$

套用基础定额 7 – 349。

博风板定额工程量：$L_2 = [6 + (0.50 + 0.03) \times 2] \times 1.118 \times 2 + 0.50 \times 4 = 17.79\text{m}$

套用基础定额 7 – 349。

（2）清单工程量

清单工程量计算同定额工程量。

清单工程量计算见表 5-88。

表 5-88　清单工程量计算表

序号	项目编码	项目名称	项目特征描述	计量单位	工程量
1	010503004001	其他木构件	封檐板	m	26.00
2	010503004002	其他木构件	博风板	m	17.79

【例 5-77】　木基层是指檩木以上、瓦以下的结构层，完整的木基层包括椽子、望板、油毡、顺水条和挂瓦条等（图 5-73），按屋面的斜面积计算工程量。

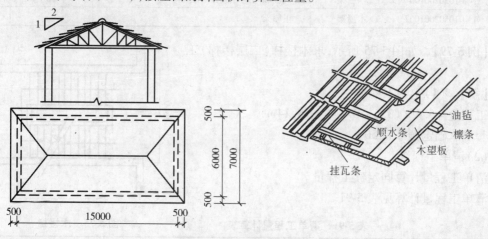

图 5-73　屋面木基层示意图

【解】　（1）定额工程量

根据上述条件，查屋面坡度系数表得 $c = 1.118$。

木基层定额工程量 = $(15.00 + 0.50 \times 2) \times (6.00 + 0.50 \times 2) \times 1.118 = 125.22m^2$

套用基础定额 7-345。

（2）清单工程量

$L = 15 + 0.5 \times 2 = 16.00m$

清单工程量计算见表 5-89。

表 5-89　清单工程量计算表

项目编码	项目名称	项目特征描述	计量单位	工程量
010503004001	其他木构件	屋面木基层长 16.00m，宽 7.00m	m	16.00

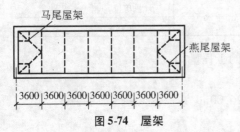

图 5-74　屋架

其计算公式如下。

【例 5-78】 带气楼屋架的气楼部分和马尾、燕尾、折角、正交部分的半屋架（图 5-74）及其与之相连接的正屋架运用经验公式折合成正屋架的榀数后，根据正屋架的竣工木料体积计算单位工程木屋架的竣工材积。

【解】 （1）定额工程量

气楼和马尾(燕尾、折角、正交)部分折合正屋架的榀数 = $\dfrac{气楼、马尾(燕尾、折角、正交)部分投影面积}{每榀正屋架负重投影面积}$

折合正屋架榀数 = $\dfrac{6 \times 3.6 \times 2}{6 \times 3.6} = 2榀$

单位工程主屋架的榀数 = 2 + 4 = 6榀

（2）清单工程量

清单工程量计算同定额工程量。

清单工程量计算见表 5-90。

表 5-90　清单工程量计算表

序号	项目编码	项目名称	项目特征描述	计量单位	工程量
1	010502001001	木屋架	气楼和马尾等部分半屋架	榀	2
2	010502001002	木屋架	正屋架	榀	4

【例 5-79】 如图 5-75 所示，求木楼梯（二层楼梯）工程量。

【解】 （1）定额工程量

工程量 = $5.4 \times (3.6 - 0.24) = 18.14m^2$

套用基础定额 7-350。

（2）清单工程量

清单工程量计算同定额工程量。

清单工程量计算见表 5-91。

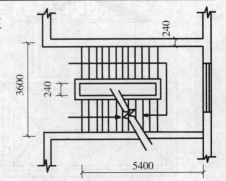

图 5-75　木楼梯

表 5-91　清单工程量计算表

项目编码	项目名称	项目特征描述	计量单位	工程量
010503003001	木楼梯	1. 木楼梯 2. 尺寸为 5.4m×3.36m	m²	18.14

【例5-80】 如图5-76所示,檩条断面为80mm×120mm方檩木,计算连续檩木的工程量。

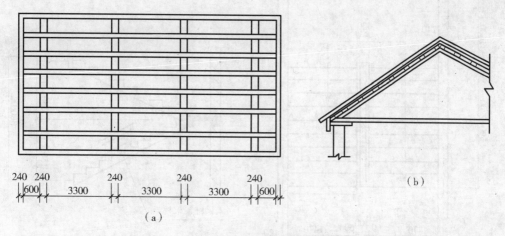

图5-76 连续檩木屋面
(a)平面;(b)剖面

【解】 (1)定额工程量

连续檩木工程量 V = 檩木断面积×设计长度×调增系数×根数

$$= 0.08 \times 0.12 \times (3.30 \times 3 + 0.24 \times 4 + 0.6 \times 2) \times 1.05 \times 15$$
$$= 1.82 \text{m}^3$$

套用基础定额7-337。

(2)清单工程量

$V = 0.08 \times 0.12 \times (3.30 \times 3 + 0.24 \times 4 + 0.6 \times 2) \times 15 = 1.74 \text{m}^3$

清单工程量计算见表5-92。

表5-92 清单工程量计算表

项目编码	项目名称	项目特征描述	计量单位	工程量
010503004001	其他木构件	檩木截面尺寸为80mm×120mm,共15根	m³	1.74

【例5-81】 如图5-77所示为一木楼梯,求木栏板、木扶手工程量及定额直接费(设计油漆涂装做法为底油一遍,调和漆两遍)。

【解】 (1)定额工程量

栏板扶手工程量按斜长计算。

定额工程量:$2.7 \times 1.15 \times 2 + 0.42 \times 2 + (3.36 - 0.42)/2 = 8.52 \text{m}$

套用基础定额4-90,基价为581.23元/10m。

定额直接费:$8.52/10 \times 581.23 = 495.21$元

油漆面积查基础定额4-90,得知含量系数为10m²/10m。

油漆工程量:$8.52 \times (10/10) = 8.52 \text{m}^2$

套装饰分册定额4-1"单层木门窗油漆",基价为696.15元/100m²。

油漆定额直接费:$8.52/100 \times 696.15 = 59.31$元

注意栏板扶手的油漆应在算出制作工程量后,乘以相应子目中的油漆含量系数(或油漆面积),套用装饰分册有关油漆的内容。

(2)清单工程量

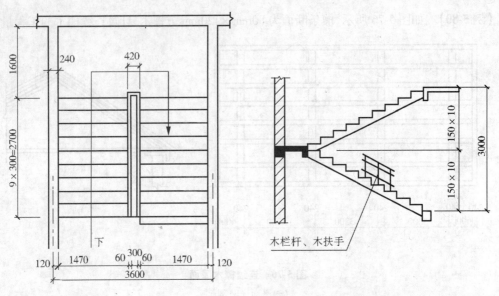

图 5-77　木楼梯

清单工程量计算同定额工程量。

注：木楼梯的栏杆(栏板)，应按"装饰装修工程工程量清单项目及计算规则"中相关项目编码列项。

清单工程量计算见表 5-93。

表 5-93　清单工程量计算表

项目编码	项目名称	项目特征描述	计量单位	工程量
020107002001	硬木扶手带栏杆、栏板	木栏板、木扶手	m	8.52

【例 5-82】　有一普通天棚净面积为长 × 宽 = $7 \times 4 = 28m^2$，按设计配有 8 根 6cm × 10cm 的主方楞木，楞木两端搁在砖砌横墙上，如图 5-78 所示。配置楞木的木材损耗率为 3%，求天棚楞木直接费。

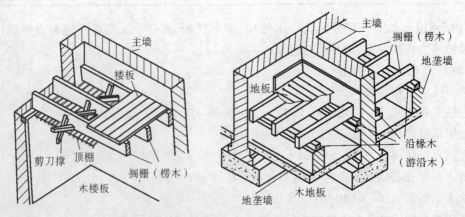

图 5-78　楞木

【解】　(1)求楞木调整量

楞木设计尺寸的材积：$8 \times 0.06 \times 0.10 \times 4 = 0.192m^3$

加 3% 的损耗：$0.192 \times 1.03 = 0.198m^3$

求出定额中相应项的中枋材积：由楞木跨度4m，套用基础定额7－131，查得中枋是$0.101m^3/100m^2$，于是整个天棚，即$28m^2 = 0.28(100m^2)$的中枋材积为$0.101 \times 0.28 = 0.028m^3$。

方楞调整量：$0.198 - 0.028 = 0.17m^3$

（2）套用天棚楞木调整定额，求出调整费

查基础定额编号7－138，得调整基价为478.96元/m^3，则可求出$0.17m^3$方楞调整费为$0.17 \times 478.96 = 81.42$元。

（3）求天棚方楞直接费

因基础定额7－131的基价为880.86元/$100m^2$，故整个天棚楞木的直接费为$0.28 \times 880.86 + 81.42 = 328.06$元。

【例5-83】　同上例一样的天棚，面积为$28m^2$，楞木为8根10cm圆木，木材损耗为3%，求天棚楞木直接费。

【解】　（1）求换算系数

由$\phi10$查"天棚圆楞木换算系数表"，跨度4m楞木为1.425。（注意：查普通天棚）

（2）查出相应定额中的圆木材积

由楞木跨度4m，套用基础定额7－137，查得圆木材积为$0.936m^3/100m^2$，加3%损耗为$0.936 \times 1.03 = 0.964m^3/100m^3$。

（3）求楞木换算量

圆楞换算量：$0.964 \times 1.425 = 1.374m^3/100m^2$

（4）求整个天棚楞木调整量

圆楞调整量：$(1.374 - 0.936) \times 0.28 = 0.123m^3$

（5）求楞木调整费

套用基础定额7－138"天棚楞木调整"得圆楞调整费为$478.96 \times 0.123 = 58.91$元。

（6）求整个天棚直接费

直接费：$0.28 \times 985.74 + 58.91 = 334.92$元

【例5-84】　如图5-79所示坡屋面建筑，屋面使用连续方木檩条，断面尺寸为120mm×70mm，房屋外墙长度为14.64m，两端各出山墙0.5m，计算17根该檩条的项目直接费。

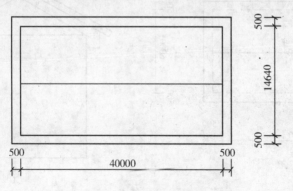

图5-79　屋面示意图

【解】　檩条工程量：$(14.64 + 0.5 \times 2) \times (0.12 \times 0.07) \times 17 \times (1 + 5\%) = 2.345m^3$

套用基础定额7－322。

檩条项目直接费：$1569.83 \times 2.345 = 3681.25$元

【例5-85】 如图5-80所示,求屋面木基层定额工程量。

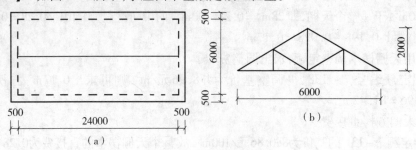

图5-80　屋面示意图

(a)平面;(b)立面

【解】　屋面木基层定额工程量:$(24 + 0.5 \times 2) \times (6 + 0.5 \times 2) \times 1.20 = 210 m^2$

套用基础定额 7 - 345。

【例5-86】 如图5-80所示,计算封檐板工程量。

【解】 (1)定额工程量

工程量 $= (24.0 + 0.5 \times 2) \times 2 = 50 m$

套用基础定额 7 - 348。

(2)清单工程量

清单工程量计算同定额工程量。

清单工程量计算见表5-94。

表5-94　清单工程量计算表

项目编码	项目名称	项目特征描述	计量单位	工程量
010503004001	其他木构件	1. 封檐板 2. 长为24m	m	50.00

【例5-87】 求如图5-81所示封檐板和博风板的工程量。

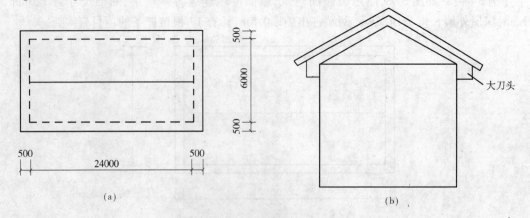

图5-81　封檐板和博风板

(a)平面;(b)立面

【解】 (1)定额工程量

封檐板定额工程量:$(24 + 0.5 \times 2) \times 2 = 50.00 m$

博风板定额工程量:$(6 + 0.5 \times 2) \times 1.118 \times 2 + 0.5 \times 4 = 17.65 m$

套用基础定额 7－348。

（2）清单工程量

清单工程量计算同定额工程量。

清单工程量计算见表 5-95。

表 5-95　清单工程量计算表

序号	项目编码	项目名称	项目特征描述	计量单位	工程量
1	010503004001	其他木构件	封檐板	m	50.00
2	010503004002	其他木构件	博风板	m	17.65

【例 5-88】　如图 5-82 所示，连续檩木共 15 根（断面 70mm×120mm），求其定额工程量。

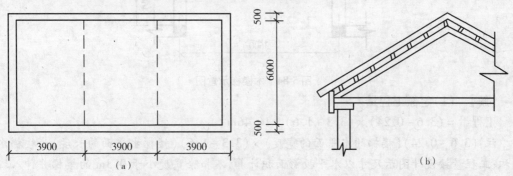

图 5-82　连续檩木

（a）平面；（b）立面

【解】　定额工程量

V ＝檩木断面积×设计长度×调增系数×根数

　　＝$0.07×0.12×(3.9×3)×1.05×15$

　　＝$1.55m^3$

套用基础定额 7－337。

【例 5-89】　求如图 5-83 所示木楼梯工程量。

【解】　（1）定额工程量

工程量＝$(1.5×2+0.16)×(3.0+1.6)$

　　　　＝$14.54m^2$

套用基础定额 7－350。

（2）清单工程量

清单工程量计算同定额工程量。

清单工程量计算见表 5-96。

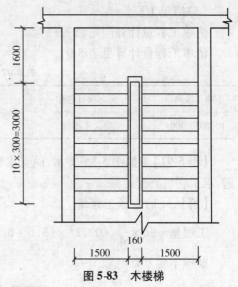

图 5-83　木楼梯

表 5-96　清单工程量计算表

项目编码	项目名称	项目特征描述	计量单位	工程量
010503003001	木楼梯	1. 木材 2. 尺寸为 $(1.5×2+0.16)m×(3.0+1.6)m$	m²	14.54

【例 5-90】　某住宅楼木楼梯如图 5-84 所示（标准层），尺寸为 300mm×150mm，楼梯栏杆 $\phi50$，硬木扶手 $\phi80$，材质均为杉木，刷底油、调和漆各两遍，求木楼梯工程量。

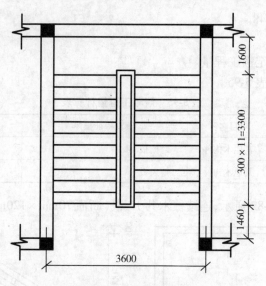

图 5-84　木楼梯示意图

【解】　(1)定额工程量

工程量 = (3.6 − 0.24) × (3.3 + 1.6) = 16.46m²

注:(3.6 − 0.24)(楼梯的水平面的宽度) × (3.3 + 1.6)(楼梯水平面的长度)为楼梯水平面积;工程量按设计图示尺寸以水平投影面积计算,不扣除宽度小于 0.3m 的楼梯井伸入墙内的部分。

木楼梯套用基础定额 7 − 350。

(2)清单工程量

清单工程量计算同定额工程量。

清单工程量计算见表 5-97。

表 5-97　清单工程量计算表

项目编码	项目名称	项目特征描述	计量单位	工程量
010503003001	木楼梯	杉木,刷底油两遍,调和漆两遍	m²	16.46

【例 5-91】　如图 5-85 所示,简支木檩条,共计 36 根,材质为杉木,刷底油两遍,调和漆两遍,求工程量并套定额。

【解】　(1)定额工程量

工程量 $= 36 × \dfrac{\pi}{4} × 0.12^2 × (3.6 + 0.2) = 1.55\text{m}^3$

圆檩木套基础定额 7 − 338。

注:36 为根数,$\dfrac{\pi}{4} × 0.12$(木檩条的直径)² 为木檩条的截面积,(3.6 + 0.2)为木檩条的长度;工程量计算规则按设计图示尺寸以体积计算。

(2)清单工程量

清单工程量计算同定额工程量。

清单工程量计算见表 5-98。

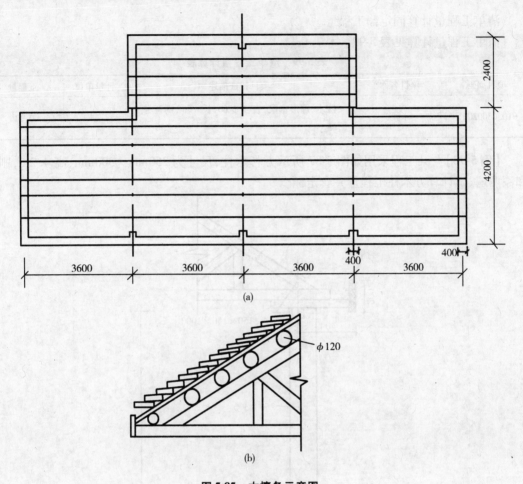

图 5-85　木檩条示意图

（a）平面；（b）剖面

表 5-98　清单工程量计算表

项目编码	项目名称	项目特征描述	计量单位	工程量
010503004001	其他木构件	木檩条,直径 ϕ120mm,杉木,刷底油一遍,调和漆两遍	m³	1.55

【例5-92】　某圆形槐木梁尺寸如图 5-86 所示,直径20cm,刷调和漆两遍,试计算圆木梁工程量并套定额。

【解】　（1）定额工程量

工程量 $=3.6 \times \dfrac{\pi}{4} \times 0.2^2 = 0.11\text{m}^3$

套用基础定额 7－353。

注:3.6(圆形木梁的长度) $\times \dfrac{\pi}{4} \times 0.2$(圆形木梁的直径) ^{2} 为梁的长度乘以梁的截面面积;工程量按设计图示尺寸以体积计算。

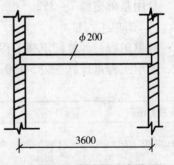

图 5-86　圆木梁示意图

（2）清单工程量

　　清单工程量计算同定额工程量。

　　清单工程量计算见表5-99。

表5-99　　清单工程量计算表

项目编码	项目名称	项目特征描述	计量单位	工程量
010503002001	木梁	槐木,圆形木梁,直径 $\phi200$,长3.6m,刷调和漆两遍	m³	0.11

　　【例5-93】　某工程采用如图5-87所示方杉木柱,尺寸为250mm×300mm,高4.2m,刷调和漆两遍,试计算方木柱工程量并套定额。

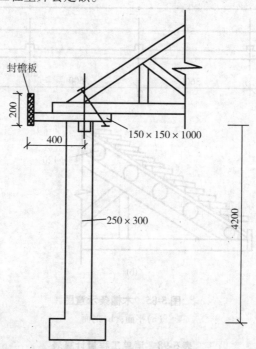

图5-87　方木柱示意图

　　【解】　(1)定额工程量

　　工程量 $=4.2 \times 0.25 \times 0.3 = 0.32m^3$

　　套用基础定额7 – 352。

　　(2)清单工程量

　　清单工程量计算同定额工程量。

　　清单工程量计算见表5-100。

表5-100　　清单工程量计算表

项目编码	项目名称	项目特征描述	计量单位	工程量
010503001001	木柱	高4.2m,截面尺寸为250mm×300mm,杉木,刷调和漆两遍	m³	0.32

　　【例5-94】　如图5-88所示柳木楼梯,刷调和漆两遍,求木扶手工程量并套定额。

　　【解】　(1)定额工程量

　　工程量 $=(3.3 \times 1.14 \times 2 + 0.33) \times 2 = 15.71m$

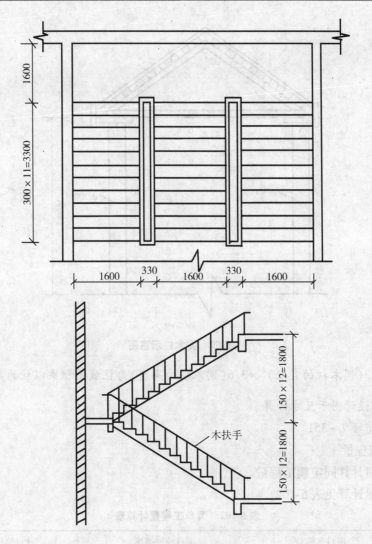

图 5-88　楼梯示意图

注:3.3(一节楼梯扶手的长度)×1.14(系数值)为楼梯间扶手的长度,0.33为楼梯井处扶手长度;工程量按设计图示尺寸以扶手的中心线长度计算。

(2)清单工程量

清单工程量计算同定额工程量。

清单工程量计算见表 5-101。

表 5-101　清单工程量计算表

项目编码	项目名称	项目特征描述	计量单位	工程量
020107002001	硬木扶手带栏杆	柳木扶手,刷调和漆两遍	m	15.71

【例 5-95】　某仓库采用木结构,如图 5-89 所示,柱子采用圆杉木柱,直径为 φ300,共 12 根柱,刷调和漆两遍,试求圆木柱工程量并套定额。

【解】　(1)定额工程量

木柱工程量 $= \dfrac{\pi}{4} \times 0.3^2 \times 3.6 \times 12 = 3.05 \mathrm{m}^3$

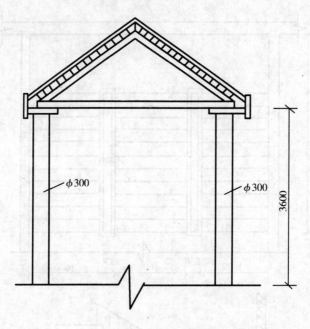

图 5-89　圆木柱示意图

注: $\frac{\pi}{4} \times 0.3$(圆木柱的直径)$^2 \times 3.6$(圆木柱的高度)为柱截面积乘以柱的高度;12 为柱的根数;工程量按设计图示尺寸计算。

套用基础定额 7 – 351。

(2)清单工程量

清单工程量计算同定额工程量。

清单工程量计算见表 5-102。

表 5-102　清单工程量计算表

项目编码	项目名称	项目特征描述	计量单位	工程量
010503001001	木柱	高 3.6m,圆形截面,直径 300mm,杉木,刷调和漆两遍	m³	3.05

【例 5-96】　试计算如图 5-90 所示木基层的椽子、挂瓦条工程量并套定额。(已知采用柳木,刷底漆一遍,调和漆两遍)

【解】　(1)定额工程量

工程量 = $(60 + 0.5 \times 2) \times (12 + 0.5 \times 2) \times 1.12$

　　　　 = 888.16m²

檩木上钉椽子、挂瓦条套用基础定额 7 – 344。

注: $(60 + 0.5 \times 2)$(椽子、挂瓦条的长度)$\times (12 + 0.5 \times 2)$(椽子、挂瓦条的宽度)$\times 1.12$(系数值)为椽子、挂瓦条的面积乘以损耗系数;工程量按设计图示尺寸以面积计算。

(2)清单工程量

清单工程量计算同定额工程量。

清单工程量计算见表 5-103。

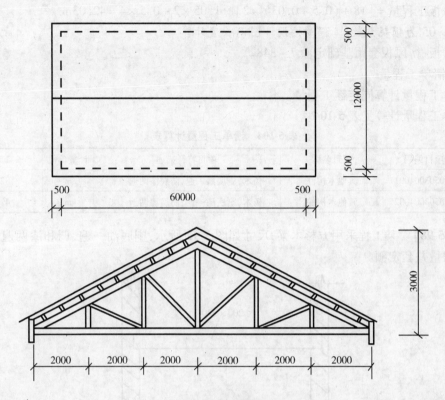

图 5-90　屋顶示意图

表 5-103　清单工程量计算表

项目编码	项目名称	项目特征描述	计量单位	工程量
010503004001	其他木构件	椽子挂瓦条,柳木,刷底漆一遍,调和漆两遍	m²	888.16

【例 5-97】　按照图 5-91 所示,试计算封檐板和博风板并套用定额。(已知采用杨木,刷底漆一遍,防腐漆两遍)

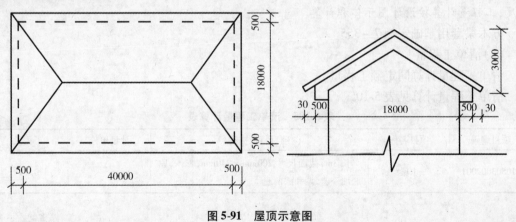

图 5-91　屋顶示意图

【解】　(1)定额工程量

封檐板工程量 = (40 + 0.5 × 2) × 2 = 82.00m

博风板工程量 $= [18 + (0.5 + 0.03) \times 2] \times 1.05 \times 2 + 0.5 \times 4 = 42.03\text{m}$

注:1.05 为损耗系数,工程量按设计图示长度计算。

封檐板、博风板套用基础定额 7 - 348。

(2)清单工程量

清单工程量计算同定额工程量。

清单工程量计算见表 5-104。

表 5-104　清单工程量计算表

序号	项目编码	项目名称	项目特征描述	计量单位	工程量
1	010503004001	其他木构件	杨木,刷底漆一遍,防腐漆两遍	m	82.00
2	010503004002	其他木构件	杨木,刷底漆一遍,防腐漆两遍	m	42.03

【例 5-98】　某工程采用方杉木梁,尺寸如图 5-92 所示,刷底油一遍,调和漆两遍,试求方木梁工程量并套定额。

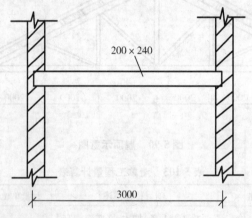

200 × 240

3000

图 5-92　木梁示意图

【解】　(1)定额工程量

工程量 $= 0.24 \times 0.2 \times 3 = 0.14\text{m}^3$

注:0.24(梁的截面长度) ×0.2(梁的截面宽度) ×3(梁的长度)为木梁的截面积乘以梁的长度;工程量计算按设计图示体积计算。

方木梁套用基础定额 7 - 355。

(2)清单工程量

清单工程量计算同定额工程量。

清单工程量计算见表 5-105。

表 5-105　清单工程量计算表

项目编码	项目名称	项目特征描述	计量单位	工程量
010503002001	木梁	长 3m,截面尺寸 200mm × 240mm,杉木,刷底油一遍,调和漆两遍	m³	0.14